光尘
LUXOPUS

The
Flow
of
Love

Krishnananda Trobe
Amana Trobe

Love Flow with Ourselves and Others

爱
的
流
动

［美］克里希那南达
［美］阿曼娜 —— 著

张淼 —— 译

北京联合出版公司
Beijing United Publishing Co.,Ltd

图书在版编目（ＣＩＰ）数据

爱的流动 / (美) 克里希那南达, (美) 阿曼娜著；
张淼译. -- 北京 : 北京联合出版公司 , 2025. 1.
ISBN 978-7-5596-8019-8

Ⅰ . B84-49

中国国家版本馆 CIP 数据核字第 20245P9G25 号

北京市版权局著作权合同登记　图字：01-2024-5527 号
Copyright © 2019 by Krishnananda Trobe and Amana Trobe
All rights reserved.

爱的流动

作　　者：［美］克里希那南达　［美］阿曼娜
译　　者：张　淼
出 品 人：赵红仕
策划编辑：石　萱
责任编辑：管　文
营销编辑：王文乐
封面设计：王　易
特约监制：李思丹
出版统筹：慕云五　马海宽

北京联合出版公司出版
（北京市西城区德外大街 83 号楼 9 层　100088）
北京联合天畅文化传播公司发行
文畅阁印刷有限公司　新华书店经销
字数 98 千字　880 毫米 ×1230 毫米　1/32　8 印张
2025 年 1 月第 1 版　2025 年 1 月第 1 次印刷
ISBN 978-7-5596-8019-8
定价：59.00 元

本书献给每一位踏上自我发现和自爱之路的人，
这条道路虽然充满挑战，
但回报丰厚。
如果你能够战胜旅程中的困难，
你将与他人建立并保持亲密关系。

爱不是必然

谈到"爱"，很容易变成一堆鸡汤文字，让人产生油腻感；又或者是说一堆华丽、空泛的辞藻，除了廉价的共鸣，并不会有什么收获。的确，这是一个很吊诡的主题！

关于爱，我们容易自以为是！很多人都认为自己了解"爱"。但事实恰恰相反，爱是一个大多数人都不曾深入的盲区。

为什么会这样？

这是因为在生活中，爱这个主题太高频率地暴露在我们面前，我们接触得如此之多，以至于自以为了解它、懂它，甚至擅长它。

可真是如此吗？

不妨问自己几个问题。

★ 你有系统学习过关于"爱"的知识吗？

★ 你能在他人面前展现真实的自己，特别是展现
  自己的脆弱吗？

★ 最近3个月，你有被感动到热泪盈眶的经历吗？

★ 你有长期并稳定的关系，并从中获得支持吗？

★ 你愿意自己的孩子，选择像你一样的人作为伴
  侣吗？

如果你的答案是肯定的，恭喜你，你拥有了让爱流动的能力；如果你的答案是否定的，恭喜你，在这里遇见了克里希和阿曼娜两位老师，开启了让爱流动之旅。

2024年6月，在niwo成长学院"走出恐惧"的课堂里，我遇到了两位老师。当时，我被深深震惊到了！很难找到一些形容词，去描述他们给我带来的感受。

他们的生命状态如此之美好，以至于只是跟他们待在一起，便是一种疗愈。更让人感动的是，他们在课程

中呈现出的允许和抱持，让我更有勇气走向我，走向我的真实，走向我的脆弱，走向内心那最柔软的部分。

两位老师就是"内在成长"最好的广告，在他们身上，可以看见内在成长的魅力，让人升起对内在成长的信心。

《爱的流动》这本书延续了克里希和阿曼娜两位老师的风格。阅读这本书，我发现了一些在亲密关系中特别反直觉的事情。

一、不是伴侣给我们带来恐惧和不安，而是伴侣唤醒了我们的恐惧和不安。

恐惧和不安，本质是我们的课题，我们不能期待另一半去帮我们解决，或是通过逃避亲密关系来逃避恐惧和不安。即使换一个伴侣，又或者孤身一人，恐惧和不安同样会在某个时间、某个场景重现。

二、爱的流动不是要赶走内心的恐惧，而是要看见内心的恐惧，并允许它存在于内心。

我们对恐惧和不安的本能反应是想驱逐它们、回避它们、远离它们。可是，无论我们怎么去对抗或回避，恐惧不会消失，反而有可能茁壮成长。当我们有勇气去面对它们，并试着允许它们的存在，它们才会失去滋养的土壤，慢慢变小，直到不再破坏关系的流动。

三、流动的亲密关系，是敢于做真实的自己，并且被对方喜欢。

在一段流动的亲密关系中，最重要的不是物质的馈赠，不是性的贪欢，也不是情绪的共鸣，而是在关系里能呈现最真实的自己，并被对方看见、喜欢。

看完《爱的流动》这本书，你会清晰地知道，爱不是必然。

亲密关系即修行，它给了每一个人看见自己、向内探索的机会。与此同时，我们不必着急找一个伴侣来拯救自己，其实我们每个人的内在都拥有足够多爱的资源。

正如鲁米所说，你今生的任务不是去寻找爱，而是寻找并发现你内心构筑起来的、那些抵抗爱的阻碍。

最后，请相信，世界和我爱着你！

黄伟强

2024年7月12日 于壹心理

走进恐惧，才能走出恐惧

认识克里希和阿曼娜夫妇是在多年前的一次工作坊里，当年他们教的一些内容我并未听太明白，而是在多年后才慢慢理解里面的深意，但愿意和他们在一起，愿意成为他们的样子的感受给我留下了深刻的印象。

他们教如何爱，如何走出恐惧，如何真正地保持亲密。要想真正地去爱，首先得直面恐惧。当恐惧太多时，亲密关系中的两人就像刺猬，害怕靠太近彼此的刺扎在身上会疼，但离太远又渴望爱、渴望亲密。如何才能走出恐惧呢？与其说走出恐惧，不如说走进恐惧。我们通常认为恐惧是可怕的、需要避开的，为了逃避恐惧带来的不安感，我们想尽办法逃离，却不知道只有走进恐惧，才能穿越恐惧。脆弱感、不安全感、低价值感、羞愧、害怕被抛弃、嫉妒等等，处理好这些底层的恐惧，才能真正地做自己，卸下防御，走向亲密。

从小到大，我们被教育要成为一个更好、更优秀的自己，于是我们不断让自己更高、更快、更强，在各个方面表现优异，但这样的模式犹如一个永远无法填满的洞。我们不得不马不停蹄地学习、工作，好让自己变得更"优秀"，一刻也不敢松懈，但我们快乐吗？我们和身边的关系相处得好吗？我们能心安理得地给自己放假，经常称赞自己吗？如果去掉所有的社会头衔和标签，我们还觉得自己是可爱的，有着有趣的灵魂，对自己满意吗？还是这些所谓的"成功"已经成了一种上瘾症，因为没有它，我们内在是孤独的，是不值得的……

所以，你敢放松吗？

后来我有幸做了克里希和阿曼娜夫妇在中国的工作坊的主办方，他们在工作坊中说道，有太多人是在活功能自我，压抑脆弱自我。如果这两者失衡，那么人就会变得不完整，当生命中发生一些重大变故时，会发现自己突然变得不堪一击。只有当我们能够活出脆弱的自己，才会变得更完整。这些是我们在日常学习中比较陌生的，但对我们来说又如此重要。在亲密关系中，那些争吵、愤怒、疏离、讨好的背后隐藏着我们的需求。如何向对方表达我在乎你、需要你；如何表达内心的无助、脆弱和恐惧；如何表达我爱你，也需要你的爱——这些都需要勇气。这样的表达在亲密关系里是重要的，它能让彼此穿越保护层来到脆弱层，看见真实的我们，拥抱真实的我们，并最终到达本质层，活出全然喜悦的生命品质！

走进恐惧，愿意跟恐惧、不安、焦虑、脆弱这些负面感受在一起，哪怕就一会会，而不是去找补偿或逃避，才能与它们和解，从根部完成疗愈。我也曾经真切地体验过什么叫走进恐惧，当无常来时，脆弱无助，多年发展出来的生存策略在重大事件发生时已经不管用了，无奈之下我只能直面恐惧（但相信我，如果有一点儿逃跑的机会，人人都可能倾向于不择手段地逃跑而不要面对，但如果真逃跑了，这样的恐惧就会越发加深，今后处理起来就更有难度）。老天没有给我逃跑的机会，于是我"被迫"潜入最害怕的底层，那些害怕分离、害怕被抛弃的底层原来源于30年前发生的事件，而那时候我将自己冻结了起来，没有处理过。这些未经处理的伤口在日后不断影响着我，我却浑然不觉。那些伤痛储存在身体里、细胞里，甚至神经里，但在安全环境里将它们一点点释放出来后，人会有一种前所未有的轻松，日后甚至偶尔会体验到无惧。

原来活出脆弱，才是完整，原来走进恐惧，才能走出恐惧！内心真正强大了，才能真实地表达，不然我们既示不了弱也示不了爱。

感恩有缘遇见两位老师，感恩他们用活出来的生命状态影响着更多的人，让我们能更松弛，更意识到本自具足的爱的流动。

也许我们不需要成为更好的自己，但我们能更好地成为自己！

詹媛媛Amy

niwo成长学院

目　录

第一部分

如何恢复我们内心的爱流

第二部分

与他人一起创造和维系爱流

选择亲密关系

关于克服童年创伤、探寻生活意义的书，我们已经写过几本。现在是时候专门写一本书谈谈如何保持良好的亲密关系，因为我们发现大多数人都在这方面受到困扰。

虽然我们更关注持久的亲密关系有什么好处，但本书内容并不局限于此。如果我们有意识地与他人建立联系，任何与他人的亲密关系都会带来意义深刻的成长。因此，我们讲解的知识和提供的方法适用于所有重要的亲密关系，包括与挚友、家庭成员以及与孩子之间的关系。

我们进入爱情关系的原因有很多。可能是出于外在条件的吸引、相同的价值观、归属感和安全感，或者是希望被爱和给予爱。

更成熟的动机可能包括以上所有内容，我们会意识到真正的亲密关系是踏上了一条精神与情感之路，需要坚持不懈、无私奉献和有目的的行动——这是两个灵魂在追求真理、探索自我和相互爱慕的过程中结合在一起的旅程。

当我们研究这段旅程时，我们也在面临困难、冲突、失望以及其他挑战，我们从中学习成长，从而更深入地了解自己，了解亲密关系。

在本书中，我们想把积累的经验一步步地传授给读者，教会大家如何在两个人之间建立和维系一种深刻的、滋养的、持久的爱。

在我们看来，没有什么比这更珍贵的了。

没有什么比这更能实现我们内心的满足和赋予生命的意义了。

我们之所以这样说，是基于个人经历。我们在一起26年了，但我们仍然深爱着彼此。事实上，随着岁月的流逝，我们对彼此的爱越来越深刻。

在这个过程中，我们遇到过一些挑战，考验了我们的亲密关系及对彼此的信任。特别是最初在一起的几年，当彼此心中潜藏的伤痛浮出水面时，我们需要勇气和信任来继续深入内心，而不是责怪对方。

实际上，每一次挑战都加深了我们对对方的爱。

通过多年的内心探索和冥想，我们已经为亲密关系奠定了坚实的基础。这些共同度过的岁月，帮助我们发现了让爱闪耀的因素，我们将在本书中做出详细描述。

以下是保持良好亲密关系所需的一些最重要的基本因素。

- ★ 深入学习我们的模式。
- ★ 尽管彼此之间存在很多差异，也要学会接纳和爱对方。
- ★ 在孤独中找到满足。
- ★ 学会理解和表达自己的感受。
- ★ 对各自的边界更加清晰，也更加坚定。
- ★ 发掘内心，在面对挫折和失望时，能够心平气和。

在过去的24年里，我们把自己的亲密关系经验转化为"爱情学习研究所"的工作。

我们热衷于传播自己对亲密关系的理解，开发和领导体验研讨班，提供个人和夫妻咨询，并在全球范围内培训治疗师来推广这项工作。

许多前来与我们共事的人都深受亲密关系的困扰。他们经常告诉我们，自己已经努力做了很多事情，但生活中的亲密关系状况仍然没有改善。

无论他们做了什么心理建设，我们经常看到：

★ 许多人都有异常行为，破坏了相互之间的爱，导致了无休止的权力斗争。

★ 人们常常无法以健康的方式解决冲突，而是选择责备、攻击、辱骂对方，封闭自己，从感情中抽离或寻找另一个伴侣。

★ 他们听天由命，完全放弃了爱情，常常死气沉沉地生活在一起或独自生活。

★ 他们始终没有意识到童年创伤和印记是如何影响和破坏他们的亲密关系的。

我们能够建立并长久维持爱情关系，靠的并不是运气，而是我们意识到了深入的亲密关系是一段需要有所意识、做好准备和在内心做出改变的旅程。在这段旅程中，两个人会创造非常高的安全度、信任度和开放度，从而消融边界，同时保持健康的个体性。

当我们深入研究亲密关系的内容时，我们发现需要改变关注点。我们越来越认识到，解决人们在创造和维系亲密关系时面临的不安和痛苦的核心方法，不是追求另一段亲密关系，也不是任何外在的努力，而是需要重新发现我们与内心爱的流动（也就是"爱流"）之间的连接。当我们恢复了这种与内心爱流的连接，我们不仅不再痛苦，也会更好地建立和维系与另一个人的爱的连接。

当我们感受到与身体、内心及周围的生命能量相连时，爱就会在我们内心流动，我们就会为活着感到快乐，感到有动力成长和学习。当我们的行为与内心保持一致时，当我们冒险去创造新的体验时，以及最重要的，当我们以积极的眼光看待生活和发生在自己身上的事情（即使它是困难和痛苦的），看到我们如何从每一次的经历中学习和成长时，内心的爱就会流动起来。

本书分为两个部分。第一部分探索我们是如何与内心的爱流断联的，我们是如何在如今的生活中破坏它的，以及如何恢复它。第二部分讲述了我们如何与他人，更具体地说，与一个重要的人，建立和维系爱流。

恢复爱流是一场意识之旅。来到这个世界时，我们与内心的爱流有一种天然的连接，我们天真、主动、好奇、充满活力、信任他人。但随着岁月流逝，大多数人都失去了这种充满灵感和开放的内心体验。当我们意识到失去了这些，明白重新找回它是人生的一个重要目标，也是人生最大挑战之一时，恢复之旅就开始了。打破自我麻木、沉溺于消极情绪、抗拒改变、不敢冒险再次敞开心扉的习惯，需要智慧和勇气。

在这段旅程中，我们所恢复的爱流与最初所拥有的爱流不同。我们经历了挑战、痛苦和创伤，克服了抗拒和向绝望屈服的倾向，找到了成熟的生活意义和目标，这些都使我们的生活更加丰富多彩。在这段旅程中，我们会一直充满灵感和活力吗？可能不会。当遭遇失去、失败和病痛时，我们就在接受考验。我们要学会把痛苦的经历视为人生旅程的一部分，它促使我们成长和成熟，而不是落入陷阱，认为生活在与我们作对，甚至认为生活在惩罚我们。我们如何解构痛苦的经历是一种深刻的人生选择。痛苦的经历既可以成为我们前进道路上的路障，也可以成为跳板。

恢复内心的爱流还包括以一种充满爱的方式，探索我们在现今生活中对它的持续破坏，以及我们可以采取什么具体步骤来重新点燃它，并使它成为我们日常的生活方式。

这段旅程需要勇气，因为改变的阻力可能很强。无意识地生活，毫不怀疑地接受我们身边的价值观和行为，并生活在我们从小熟悉的传统中，这种生活虽然麻木，但会让我们感到舒适和不受干扰。挣脱这种生活并观察自己的内心可能令人感到恐惧和不确定。然而，对我们的生活负起全部责任，意识到我们所做决定的后果，这是一种全新的、鼓舞人心的生活方式。

当我们感觉到生活不再积极、失去意义、偏离轨道时，我们可能受到启发，踏上这段恢复爱流的旅程。不必垂头丧气，我们应该勇敢地寻求指导，去尝试一些全新的东西。

很多时候，我们都在寻找另一个人来给予我们内心缺失的爱流，但这总是会带来冲突和痛苦。我们遇到的许多夫妻常常试图找到完美的技巧来建立亲密关系，但根据我们的经验，他们抓错了重点。

没有什么沟通技巧或冥想实践可以弥补我们与内心爱流的断联。我们可能因为未实现的期望、浪漫幻想的破灭或没完没了的戏剧化情节而分心，甚至退缩，认为不应该信任他人，感到受伤、愤怒和痛苦，或者不断更换伴侣。当我们发现内心的爱流时，一切都会改变。

在本书的第二部分，我们将讨论如何建立、恢复和维系与另一个人之间的爱流。我们需要理解与另一个人的爱情之旅是多么具有挑战性（毕竟破坏它轻而易举）。我们还会提供理论和实用的工具来帮助你学习如何建立安全感和信任感，以及如何与另一个人建立联系，进行良好沟通。最后，我们会教授如何以爱的方式解决冲突和误解，以及如何调整性感受以适应长期亲密关系中可预测的变化。

爱的密语

在一段亲密关系中保持爱的流动是非常困难的，这是一个挑战。如果你逃避了这个挑战，你就逃避了成熟。如果你带着所有痛苦迎接这个挑战，并持续深入探索，那么渐渐地，痛苦中也会成长出幸福。渐渐地，通过冲突、摩擦，逐渐形成了结晶。通过努力，你会变得更警觉和觉知。

对方就像你的一面镜子，你可以透过对方看到自己的丑恶。对方唤起了你的潜意识，让它浮出水面。你必须知道自己存在中所有隐藏的部分，最直接的方法就是通过一段亲密关系反映出来。但这个过程并不容易，它是艰难的、艰巨的，因为在这个过程中你必须做出改变。

第 一 部 分

如何恢复
我们内心的爱流

第1章

内心的爱流

人生中最大的挑战之一是如何发现我们内心的爱流，以及当我们与之断联时如何恢复。根据多年的个人经验和与他人的合作经历，我们将温和而持续地探索我们是如何违背内心的真实，让恐惧和不安全感引导我们在生活和亲密关系中的思想、感受和行为，最终破坏内心的爱流。

对许多人而言，早年受到的创伤让我们无法感受到内心的爱流。如果我们曾遭受过侵犯，致使与生俱来的激情、热情和好奇心被压抑，或受制于令人窒息的规则和惯例，缺乏健康的边界，或者缺乏灵感、指导、协调或关注，那么我们可能已经失去了与生俱来的爱流和纯真。

如今，生活压力和痛苦不安的经历使我们偏离内心爱流的轨道。此外，当我们被自己的恐惧和不安全感压倒并认同它们时，我们就会阻碍自己感受爱流，恐惧和不安就会占据我们的内心体验、思维和行为。这可能导致我们变得情绪化，强化受害者的身份认同，使我们相信外部事件和他人对我们的行为和态度控制着我们的生活，也可能导致我们形成长期逃避感受恐惧和不安全感的行为模式。

这类行为包括一些上瘾和自我毁灭的习惯。当受到触发时会自动反应，表现为愤怒和暴力行为并为之辩护，不定期运动或锻炼身体，无法感受、验证或确认自己的边界，妥协和服从而非感受或维护我们的真实想法，不为选择和行为负责，并希望被拯救。

我们在工作中会使用一张简单的图，它会使恢复爱流的旅程变得更简单。这张图由三个圆组成—— 一个外圆，外圆里的一个中圆，以及中圆里的一个中心圆。

外圆代表我们的保护层和生存策略，我们用它来保护自己免受上述的痛苦、孤独、恐惧和羞耻。中圆代表受伤的自我，其中含有我们在外层保护自己免受的羞耻、恐惧、不信任和孤独的感觉，这些感觉源于童年的忽视、冲突、暴力、侵犯的创伤，以及缺乏足够的方法和指导来跨越生活中的难关。中心圆代表我们的自然本质，其中既有爱、好奇、同情、温柔、活力、紧张、激情和关心的普遍品质，也有我们的特殊风格、天赋和潜力所对应的品质。

当我们与爱流断联时，我们就与自己的本质失去了联系，要么变得认同受伤的自我，坚定地相信自己被羞耻和恐惧定义了，要么就躲在保护层里，把脆弱的那部分封闭起来。在这两种情况下，我们都阻断了爱流。

恢复爱流的旅程有三个目标。

★ 认识到自己的保护策略、行为和角色。

★ 当恐惧和不安全感在我们的生活中出现时，通过与内心的恐惧和不安全感取得联系来拥抱我们的脆弱。

★ 挑战自己，去冒险，拓展自己的舒适区，帮助自己打破旧的思维、感觉和行为方式。

在下一章，我们将从这三个目标入手来讨论如何治愈受伤状态。如果我们能以接纳和优雅的态度拥抱曾遭受的痛苦、恐惧和羞耻，转变就会发生。我们经常在工作中说，我们既可以握紧拳头，也可以张开双手来接纳人生中曾经遭遇的艰辛。

如果选择握紧拳头，我们就是在抵抗痛苦；如果选择张开双手，我们就是对痛苦敞开心扉。只要我们抗拒感受痛苦，或者希望它结束、消失，我们就阻碍了转变。然而，如果我们能够敞开心扉，让内心的恐惧变得柔和，放弃对抗，那么我们就自然会被带回到本质，意识到自己的特殊性，发现我们的爱、创造和潜力。

练习 ◀···

问问自己：

1. 孩童时期，我在哪些方面没有得到支持去发现和确认生命能量？

2. 我在哪些方面没有得到支持，导致不自信，无法相信自己的感觉？

3. 孩童时期，我在哪些方面没有得到支持去相信爱和生活？

4. 我是否在家庭中见证了爱的流动？

爱的密语

每个人从很小的时候起就被谴责。

无论他按照自己的意愿、出于自己的喜好做什么，都不被接受。在孩子成长过程中，周围的人总是有自己的想法和期望。孩子必须适应这些想法和期望，充满无奈。

你想过这个问题吗？人类的孩子是整个动物王国里最无助的孩子。所有的动物都可以在没有父母和其他人的支持下生存下来，但人类的孩子如果离开了父母和其他人则无法生存。他们是世界上最无助的生物——如此容易丧命，又如此脆弱。

那些监护人自然而然地能够按照自己想要的方式塑造孩子。

因此，每个人都长成了与自己内心相悖的样子。这就是每个人都想假装成另一个人的原因。

第2章

我们如何破坏内心的爱流

根据我们的经验，在日常生活中，我们经常出现以下六种情况破坏爱流和生命之流。

★ 沉溺于消极的想法和情绪，强调受害者认同。

★ 脱离心理感受、身体感觉、感官感受和个人边界。

★ 认同生活中我们不支持的价值观和人，并与这类人保持联系。

★ 没有滋养我们的生命能量。

★ 沉迷于某些行为，不去探索自身深层的恐惧和潜在的不安全感。

★ 行为方式与内心更深层次的真实和智慧不符，
逃避问题、不负责任、不诚实。

当我们能敏锐地意识到这些行为和态度，揭示它们
的根本原因，学会远离不断攻击和谴责自己的内心评
判，并意识到它们是如何破坏我们内心的爱流时，转变
就开始了。

"沉溺于消极的想法和情绪，强调受害者认同"

当某些想法和情绪促使我们认定自己是外部事件和
他人行为的受害者时，这些想法和情绪可能极其有害，
导致我们养成了抱怨、指责、易怒或听之任之的习惯。

阿诺德45岁了，他完全被自己的消极思想掌
控。他抱怨自己没有亲密关系，工作很无聊，薪
水也很少，他的家人不支持他，也不想听他抱怨，
而且似乎任何治疗技术都对他不起作用。他尝试了
各种抗抑郁药和不同的治疗方法，比如认知行为疗

法、内在小孩疗法、肌筋膜身体疗法，但都无济于事。他觉得生活中的每件事和每个人都有问题，每当有人建议他做一些可能对他有帮助的事情时，他就会找借口不做，即使做了，也是心不在焉。

不幸的是，阿诺德相信一切都不会好起来，他认为自己永远找不到令人满意的工作，也找不到爱他的人。这些想法源于他过去的痛苦经历——在童年和青少年时期，他在学校受到了严重的欺凌和羞辱，而且他的父亲长期不在他身边，对他漠不关心，母亲专横霸道，占有欲极强。他因此产生了习得性无助感，相信努力是没有任何用处的。

知道消极的根本原因，以及对自我的批评有多深，都不足以（也永远无法）帮助他摆脱困境。在生活中，我们需要勇敢地采取实际行动挑战那些消极信念。遗憾的是，直到现在他还没有找到那份勇气。

消极想法、感受和行为会在我们的生活中造成消极结果，因为我们会散发出一种强有力的气场，会把别人推开。有时我们找不到动力或勇气去改变。然而，如果我们开始密切关注自己的消极思想，就会很容易注意到它对我们的爱、生活能量以及整体生活的影响。通过有意识有条理地写下我们的消极想法，我们可以觉察到这些观念是多么根深蒂固，以及它们对我们的生活造成了什么样的影响。

如果不去观察，我们常常会被内心的批评家控制，他们可能谴责我们，还会把对他人和生活的负面看法灌输给我们。正如我们将探索的那样，这些消极想法通常是对自己深深不安的结果，这让我们极其容易自我批评。此外，嫉妒和比较也会导致我们批评他人或对生活变得悲观。

"脱离心理感受、身体感觉、感官感受和个人边界"

意识到我们的感受，尤其是不安全感和恐惧，会给我们的生活增添层次、色彩和深度。如果对它们不敏感，我们很容易变得僵化、呆板、机械，失去生活的乐趣。

我们的身体感觉是一张非常敏感的晴雨表，反映着我们每时每刻的内心体验。我们的情绪有时会被冻结，或者我们会被羞耻感和恐惧感控制，但是身体感觉会记录下我们是否感到不安全。

与失去对感受和身体的联系密切相关的，是对自然的感官感受（即我们与生命共振的方式）缺乏意识和敏感性。

这种脱离最严重的后果之一，是我们可能会失去与个人边界的联系。我们可能不再能注意到、感觉到他人对我们身体、性、情绪或精神空间的侵犯，也无法保护自己免受这些伤害。当无法获得身体体验，不被尊重个人空间，无法感受自己与生活及他人的互动时，我们就与爱流断联了。

　　我（克里希）可以分享自己的经历，我曾经放弃了对情绪的敏感，对身体微妙信号的敏感，以及对自我边界的尊重。在找到我的精神家园之前，很多年我都被那些不鼓励关注自己身体的老师吸引，他们教导大家应该把关注点放在"更高的状态"上。我每天练习瑜伽、冥想好几个小时，甚至在上医学院时和担任住院医生时也是如此。但验证和探索身体体验、心理感受、感官感受和性感受并没有成为我的精神实践的一部分。在这条探索的道路上，我也曾以"服务"的名义成为一名强迫性的救助者，并为自己拥有任何需求而感到内疚。我的个人边界自然而然变得不重要。

在一项名为"生命之泉"的人类潜能训练中，我第一次意识到我与我的身体、心理感受、感官感受、生命能量，以及对边界的需求脱离得有多么严重。这项训练改变了我的生活，在组长的帮助下，我意识到了我的精神探索已经变得多么支离破碎。她帮助我认识到，任何反对爱自己的身体，以及反对意识到自己所有情绪、性感觉和感官感受的事情，都不可能是一条真正可靠的道路。我离开了以前的那些老师，放下了对那些练习的痴迷，在大量治疗的帮助下，在陪伴了我26年的伴侣阿曼娜的持久爱情中，我学会了享受生活的方方面面。

"认同生活中我们不支持的价值观和人，并与这类人保持联系"

我们无法低估周围的人对自己的影响，更具体地说，是原生家庭对我们的影响。从小时候起，我们就接受了那些被灌输的关于自己、他人和生活的价值观、想法、态度、观点和判断，这可能严重影响我们的爱流。但是，因为我们需要归属感，害怕被孤立或批评，所以我们会依附于自己的根，不会冒险去追求独立和自我个性。

安德森和他的父母关系密切。当他还是个孩子时，为了不辜负父亲对他的高期望，他饱受折磨。他的父亲是一位成功的商人，当他没有达到父亲的期望时，父亲经常会严厉地责备他。尽管如今他在工作方面很成功，经营着一家拥有许多员工的公司，但对他的父亲来说，这仍然不够好，他的父亲依然在批评他。他的母亲从来没有说过什么，也对他父亲的表现不做任何评论。

安德森承认，只要他和父母在一起，他就会退化，会产生自我怀疑，但他没有勇气和他们分离。他觉得在放假时自己有义务待在父母家里或和他们一起旅行，他认为父母年龄在增长，重要的是他得尽可能多地支持他们。不过他开始感觉到这样做会影响他的生命能量、他与女友的关系以及他的自尊。

我们会持续承受将自己置于消极状况的后果，直到我们找到勇气保护自己免受伤害，直接解决问题，在身体和情感上与伤害自己的人分离，踏上自我发现之旅，发现自己的价值、本真和能量。

"没有滋养我们的生命能量"

消极的想法和情绪会自然而然地影响我们对待身体和能量的方式。根据我们的经验，没有什么比照顾身体、满足它的需要、给它注入健康和赋予活力的营养以及定期运动，更能帮助我们恢复爱流了。我们常常不理会身体的呼唤，把注意力停留在思想层面，失去对身体的敏感性。

我们的身体有一种自然的流，如果我们倾听身体，它会告诉我们它需要多少休息、睡眠、照料和放松；还会告诉我们，当我们用最适合自己性格的运动来激活身体并养成习惯时，身体会是什么感觉；它还会告诉我们，当我们不锻炼身体时，它是什么感觉，因为我们的疲劳感受在很大程度上是因为缺少体育锻炼。

那些还不习惯考虑身体需求的人，可能会强迫身体动起来，甚至过度运动使之虚脱。对他们而言，可能需要一段时间的调整适应才能进入身体之流。一旦我们找到了身体之流，我们就会自然而然地被它吸引。当我们调整以靠近身体之流时，会发现它每时每刻都需要不同的东西，真正开始倾听和尊重身体之流是一门艺术。

苏珊是一位非常聪明的室内设计师。但她向我们承认，她平时常会吃垃圾食品，因为她白天和晚上都太忙，根本没时间吃健康的食物，即使她知道锻炼身体有好处，她也从不锻炼。她告诉我们，她一直觉得很累，即使在周末，她也很少出城或走出公寓。她的体重超出理想体重13.6千克，她对此很不高兴，但她似乎无法减重。

苏珊在生活中很少吃健康的食物，也很少锻炼身体，即使在儿童和青少年时期，她也不参加学校的体育活动。苏珊的父亲是个酒鬼，每次喝醉回家都会对家里人大发雷霆。她的母亲很胖，长期抑郁。因为没有人支持苏珊去滋养自己的生命能量，所以她养成了消极的习惯，一直到今天。这些习惯根深蒂固，但渐渐地，她克服了自己对锻炼身体的抗拒，不再是无精打采的状态。四个月前，她雇了一位健身教练，现在她每周去健身房两次。她开始有了更多的能量，对工作之外生活的态度也更加积极了。

"沉迷于某些行为，不去探索自身深层的恐惧和潜在的不安全感"

滥用酒精、烟草、大麻等，或者习惯性地用网络、电脑游戏、电视或情色作品来分散注意力，会对我们的爱流造成巨大的影响。这样做不仅会对我们的身体和能量产生生理上的影响，而且我们也清楚是在浪费生命，内心也讨厌自己这样的行为。但要改掉成瘾行为，仅靠自制力是远远不够的。我们必须面对内心深处的羞耻和潜在的恐惧。

安娜·玛丽亚对巧克力和电视上瘾。当她下班回到家，吃了一顿健康的晚餐后，她通常会坐下来看电视，吃她最喜欢的巧克力。她已经超重了很多，这让她很困扰，尽管不断地节食和接受治疗，她还是戒不掉巧克力和电视。（除非我们解决成瘾的根本原因，即内心深处的羞耻感和由此引发的强烈焦虑，否则节食是不会起作用的。）

安娜·玛丽亚的羞耻感源于她的父母。她的父亲非常挑剔，她的母亲对此坐视不理。当我们问她如何评判自己时，她承认她讨厌自己的身体，觉得自己一无是处。她告诉我们，她总是觉得自己对男人没有吸引力，无法想象谁会爱她。当她照镜子时，她看不到在公司里担任高管的那位高智商女性，也看不到她的同事和朋友多么爱她、尊重她。她只看到一个胖子。

在一起工作时，我们帮助苏珊理解和体会了那个被父亲挑剔并感染了母亲羞耻感的小安娜·玛丽亚，但更重要的是，我们帮助她处理了晚上独自在家时出现的焦虑感。苏珊试图用满足自己的瘾来逃避这种焦虑。我们训练她与这种瘾共处，慢慢地，即使当她在看电视或吃巧克力时，她也能够更有爱地观察自己，退后一步观察这种行为，甚至能够在吃够了时选择倾听身体的感受。

"行为方式与内心更深层次的真实和智慧不符，逃避问题、不负责任、不诚实"

这类行为会损害我们的自尊和人际关系。大多数人的确可能不会100%地直面问题、诚实或负责任，但如果我们不能努力地梳理自己的行为，它就会严重损伤我们的爱流。不诚实也包括对自己不诚实，寻找借口和理由，以自己心知肚明的方式违背内心的真实，这会让人无法在生活中得到成长。

凯瑟琳，32岁，由于她长期不负责任，已经快把她所有的朋友逼疯了。她会忘记约会，不履行自己的诺言，忘记支付账单，而且她的公寓一片狼藉。作为一名社会工作者，她的上司非常欣赏她的工作方式，以及她对工作对象的关怀，但也对她的混乱感到不满。尽管凯瑟琳试图变得更有条理、更自律，但似乎并不奏效。目前，她接受了"我就是这样"。但不幸的是，她的生命能量和亲密关系都因此受到了影响。

当我们明确意识到破坏自己生命能量的方式，我们就可以选择改变它。这是第一步。打破旧的破坏性习惯需要勇气，并且要付诸实践，但一旦我们意识到阻碍自己前进和破坏爱流的想法和行为，我们就准备好做出改变了。

练习 ◀···

回顾一下破坏生命能量和爱流的六种情况，问问自己：

1. 在我的生活中，我是如何做出这些事情的？
2. 这些方式是如何影响了我的能量和生活？
3. 我是否有动力做出改变？
4. 我准备采取哪些具体步骤来改变现状？

爱的密语

有两种生活方式：一种是沉睡，然后变老，每时每刻都在变老，每时每刻都在走向死亡，就是如此，你的整个生命就是一段漫长而缓慢的死亡进行曲。

但另一种是，如果你开始觉知——无论你做什么，无论你身上发生了什么，你都是警觉的、觉察的、留心的，从各个角度体会这种感受，试着理解它的意义，试着洞悉它，试着专注而全身心地体验这些事件——那么，它就不只是一个表面现象。

你内心深处的某些东西也在随之改变。你变得更警觉了。如果你遇到的是一个错误，那么你就永远不会再犯了。

第3章

通过改变受伤状态来恢复爱流

恢复内心爱流的主要方法之一，是理解阻碍我们持续感受爱流的四种受伤状态（四种可能占据意识的恍惚状态）。这个话题非常重要，因为理解和处理这四种受伤状态有助于我们为亲密关系奠定良好的基础。

这四种状态分别是缺失自爱、被恐惧驱使和控制、内心空虚和孤独、对他人和生活不信任。

在前面的章节，我们已经深入讨论了这些受伤的状态。在本章中，我们将简要地概述这些状态，并阐述改变它们的具体步骤，好让它们不再主导我们的生活，破坏我们的爱流。

探索缺失自爱的受伤状态

首先要探索的受伤状态是缺失自爱。我们的任务是在欣赏自身独特性和天赋的基础上，培养一种充满爱的自我感，并学会活出真实。当我们逐渐认识这个伤口，我们就能在一种充满爱的自我感觉中打下更强大的根基，也会拥有发现和坚持内心真实的能力。

很多时候，我们生活在一种感觉缺失和羞耻的恍惚状态中。当发生被拒绝、失败、被比较、自我评判、被排斥或不按教导的方式行事等情况时，这种感觉可能就会紧急触发，或者它也可能是一种长期自卑状态。它源自早年被比较、被施压、被期望、被侵犯、被忽视和被虐待的经历，导致我们形成了与真实本性不一致的自我认同。

当羞耻感（不安全感和无价值感的深层创伤）占据我们的内心时，我们可能表现出一种补偿状态，用表演、吸引注意力、追求权力或地位来掩盖自己的不安全感。或者我们会处于一种崩溃的状态，会贬低、隐藏自己，自我退缩。或者我们会用上瘾物质和娱乐消遣来麻痹自己，不去感受这种缺失。羞耻状态会导致生命能量的丧失，它会以消极的评判、谴责、比较和绝望来支配我们的想法，或影响我们的行为，使我们强迫性地寻求关注、认可和接纳，与他人建立一种被支配的关系，或接受他人的拒绝和不尊重。

葆拉是一位40多岁的迷人女性，她找到我们，因为她意识到自己无法和男性建立良好的亲密关系。她的困境是，在约会了几次后，要么她不想继续，要么对方不想继续。葆拉是一位成功的商界女性，有很多下属，在外人看来她自信、成功。她已经接受了多年的治疗，意识到了自己内心的伤口。然而，她不明白为什么她的亲密关系像一场灾难。

随着深入探索，我们发现，当葆拉与男性交往时，她并不像在工作中那样自信。当她和一个她非常钦佩和尊敬的男人约会时，她往往会失去自我，感觉自己像个害羞的小女孩。但当她和那些不那么有魅力，还有些害羞、缺乏安全感的男人约会时，她不尊重对方，她发现自己在评判和控制他们。

葆拉的父亲是一位成功人士，从小她就是父亲的掌上明珠，她以父亲为榜样，在生活中把个人成就放在首位，以赢得父亲的认可为目标。她瞧不起母亲，她认为母亲软弱无能，是个陪衬品。由于儿时的经历，她认为脆弱是软弱的表现。当她和自己钦佩的男人在一起时，她会退化成一个依赖父亲的小女孩。当她和自己不尊敬的男人在一起时，她就像她父亲对待母亲一样看不起他们。这两种风格都源于一个基于羞耻感的自我认知，它隐藏在高效运转的成年人人格背后，主宰着葆拉与男性的关系。

羞耻感是一种强大的催眠状态，它会阻止我们感受爱流。我们越是这样生活，就越远离自己的本性。

通过对自己的深度接受和欣赏，认识和尊重自己的独特性、天赋、激情和局限性，我们可以恢复内心的爱流。我们在《爱情学习手册第2卷：治愈羞耻和震惊》（*The Learning Love Handbook Volume #2 Healing Shame and Shock*）中专门编写了一套指南，里面有解释和练习，教你如何治愈羞耻的伤口。

简而言之，学习感受、理解和接纳内心的伤口，了解伤口主导我们想法、感受和行为的方式，以及意识到它并不代表我们的本质，而只是发生在我们身上的事情，会给我们带来帮助。另外，想象富有创造力的鲜活自我，定期活动身体，以及冒一些小的风险，也会给我们带来帮助。这样做之后，虽然羞耻感可能不会消失，但它不会再掌控我们的生活。我们会回归自我，找到表达自身创造力的方式，并依据我们内心的真实来生活。

探索被恐惧驱使和控制的受伤状态

恐惧存在于所有人的内心，因为人是非常脆弱和易受伤的生物。重要的是，当恐惧出现时，我们如何看待它，如何处理它。为了保护内心的爱流，当恐惧在日常生活中出现时，我们可以采取的最重要的步骤之一是，找到一种巧妙而优雅的方式来处理内心的恐惧。

恐惧可能以多种方式表现出来，有时是身体症状，比如消化不良、心率加快、出汗、身体紧张、耳鸣、背痛，有时是无法控制的愤怒、闷闷不乐，有时是性功能障碍、无法集中注意力或入睡、语言问题、混乱和阅读障碍。恐惧也可能表现为长期的不安、焦虑，甚至恐慌。

雷蒙德患有慢性耳鸣、肩部紧张和便秘。他从未把这些身体症状与潜在的深层恐惧联系在一起，因为他认为自己只是身体出了问题，只需通过药物和身体锻炼来解决。但这两种方法都没起多少作用。在过去的几个月里，他一直在学习了解自己内心深处的恐惧，并感受它对身体感觉的影响。他将自己的这些身体感觉与早年父亲对他反复的身体虐待，以及他目睹母亲被父亲虐待清晰地联系在了一起。

当我们面对自身的恐惧时，要把它们当成身体里的能量，学会与恐惧共处，不转移注意力，不回避。把恐惧视为一种邀请，它邀请我们更加深入内心，在恐惧中成长并变得更强大，拥抱它，使它成为感受爱流的新通道。

我们可能害怕感受恐惧，因为我们常常不相信自己有底气去感受它。我们害怕它压垮我们。我们对恐惧怀有的限制性信念可能是：恐惧源于方方面面，永远不会终结，我们应该越过它；或者如果我们让自己感受到了恐惧，那么情况只会变得更糟。

通常，当恐惧出现时，我们会努力反抗它，并对那些认为某些事情不对劲的信念深信不疑。我们会想办法分散自己的注意力，或者回避任何可能引起恐惧的体验。当恐惧主导我们的意识时，我们可能会限制生活的能量和投入的精力，导致生活变得枯燥、毫无意义。我们甚至可能形成一种受害者认同，感觉自己很容易被小事压垮。

为了应对恐惧，以下是我们的几点建议。

我们拒绝深入探索恐惧的最重要原因之一，是我们不想感受到无助。这种无助感其实就是生活的本来面貌之一。应对恐惧的一个重要方面，恰恰就是在无法改变外部事件的情况下屈服于无助感，然后我们可能会体验到这种脆弱的美。在成长过程中，会有一个时间点，我们甚至可以接受童年经历的创伤和无助，这个时刻对于我们内心的成长和成熟而言很重要。

现在，当恐惧出现时，我们可以通过充分认识恐惧、体验身体感受、不抵抗恐惧、专注地呼吸来改变它。恐惧的感觉包括受到刺激的身体感觉，比如生气或愤怒、心率加快、手心出汗、痉挛、呼吸浅短、思绪纷乱、失眠、消化不良、便秘和焦躁不安。

当我们密切关注身体感觉时，很重要的一点是观察任何可能破坏我们专注身体本身的消极信念，比如"太难受了""这永远不会结束"等。

当我们专注地呼吸时，恐惧会自然而然地改变，身体慢慢放松，逐渐恢复活力和生命能量。这会带给我们一种掌控感，无论过去发生过什么，此时我们不再是一个无助的孩子。

这个治疗过程的奇异之处在于，当我们打开自己，感受内心深处的恐惧时，我们不仅会变得更有力量，还会从感到无助转变为接受无助。我们会意识到，我们在生活中无法掌控大局，会认识到活着的脆弱性和易受伤性。

接纳恐惧是恢复爱流的重要基础，因为恐惧和对恐惧的抵抗会束缚住大量的能量。一旦我们承认恐惧，面对它，感受它，它不仅会释放兴奋和喜悦，还会带来自尊。

探索内心空虚和孤独的受伤状态

这种受伤的表现是一种深深的空虚感和孤独感，一种生活中缺少了某些极其重要的东西的感觉。在处理这个伤口时，我们的任务是在不依赖另一个人或任何外部来源的情况下，发现内在的连接和流动。在一段亲密关系中，这意味着既要打开内心，热烈地与某人建立深刻而有意义的联系，同时允许自己在没有获得想要和期望的东西时感受到痛苦和沮丧。

这个伤口是被离弃造成的。它与早期被忽视，关系不和谐，父母缺席，缺少温暖、鼓励、激励，以及没有被看到、被感知和被理解的感觉有着深刻的联系。但其根源更为深入，它产生于一种与本源脱离的感觉。我们的成长就是再次找到那种内在的连接。

琳达确信她遇到马修是找到了一生的挚爱。马修魅力非凡、英俊潇洒、健谈、经济实力雄厚，而且很有吸引力。简而言之，他就是琳达的梦中情人。他们约会了几个月，一切似乎都很完美。然后他们住到了一起，琳达搬进了马修的公寓。马修的公寓比她的公寓更大、更宽敞、地段更好。

住到一起后不久，情况开始恶化。琳达觉得马修工作太忙了，他比刚开始认识时话少了，他们的性生活也不那么频繁了，她感到不被满足。他们还为钱和居住空间而争吵。马修觉得琳达在经济上付出得不够多，而琳达觉得马修占有欲很强，对公寓的布置很有掌控欲。

琳达开始觉得马修不是她一开始想象的那个人了。他不再开诚布公地沟通，而是沉默不语、心事重重。他不再充满魅力和乐于付出，反而表现出强烈的控制欲和自私行为。琳达对马修的看法完全改变了。她也开始觉得自己不一样了。她不再感到快乐和满足，而是越来越空虚，想要被爱、被关注。她不再觉得自己是一个强大而有魅力的女人，而是越来越觉得自己像一个退化的孩子。最后，他们无法解决分歧，于是分开了。

琳达就是那种会"逃避式购物"[①]的人。她向外寻找，以避免内心的空虚。这种做法永远不会得到好的结果，因为这种亲密关系的动机是基于逃避，而非抓住机会感受缺失的痛苦，并通过探索内

---

① 逃避式购物，指通过购物来逃避或填补内心的空虚、孤独或不安全感。然而，这种应对方式往往是不持久的，并不能真正解决内在的问题，而且可能导致财务困境或其他负面后果。——编者注

心去重新弥补内在的缺失。她没有把这份痛苦看作一次学习的机会，而是想要被拯救。实际上，他们俩都以不同的方式错过了这个内心成长的机会。

当这个伤口影响我们的生活时，我们就会倾向于相信我们的幸福取决于外部环境。这种依赖会阻碍内心爱流，因为我们相信自己的幸福取决于他人如何对待我们，而且认为生活会以我们想要和期望的方式对待我们。

大多数情况下，一旦我们允许自己靠近某人，我们就会直面这个伤口，直面所有痛苦的依赖。当我们深深地依恋某人，当某人变得非常重要时，会唤醒我们对深层连接的渴望。大多数人在向他人敞开心扉时，这种渴望会被进一步加强。

当我们意识到不需要另一个人或外界的任何东西来给我们带来满足、平静和满意时，就会发生深刻的转变。我们可以成为自己的光。

探索对他人和生活不信任的受伤状态

　　许多人在早年因轻信他人和单纯而遭受背叛，对他人和生活本身产生了深深的不信任。因为内心深处记得这些经历，所以我们在受到哪怕最轻微的伤害、冷漠、忽视和不尊重时，也会很容易得出结论，认为他人或生活不值得信任。

　　当我们的不信任很容易被触发时，我们其实是在自己周围搭建了一堵强大的防御墙，用控制、退缩、攻击、责备、抱怨或令人愉悦的期望和策略包围自己，甚至可能让它们主导生活。

　　在亲密关系中，信任和不信任的问题会变得更加复杂。因为我们可能认为，在一段亲密关系开始时向对方敞开心扉，那就是信任。但这并不是真的，因为这个阶段的信任主要是建立在神秘化、幻想和投射的基础上，是建立在对方满足我们对他们应该如何的期望的基础上。当我们遭遇失望、挫折或背叛时，这种信任就会受到考验，因为这些经历会揭开我们早年的伤口。

　　安娜认为男人不能信任，因为根据她的经验，他们只想要表面化的关系，而且不诚实、不可靠。在她最近的恋爱中，她说她敞开了心扉，相信和这个男人在一起，情况会有所不同。有一段时间，他们相处得很好，但他从一开始就告诉安娜，他对长期关系不感兴趣。

当他抽身离开，不再及时回复她的短信，并最后终结了联系时，安娜感觉受到了背叛，她对男人的不信任也加深了。当他告诉安娜他给不了安娜想要的东西时，她既听不懂暗示，也不相信他说的话。

从痛苦的境遇中学习是人生的一大挑战，如果做到了，我们就能把它们变成成长的机会，而不是责怪他人或生活，为我们的不信任找借口。与其坚持不信任他人，埋怨生活、伴侣或朋友，不如利用这些情况更深入地了解自己的内心。

当我们坦率地问自己我们的不信任是如何被触发时，转变就开始发生了。我们充分了解到它会被触发。然后，我们可以看看过去的事件是如何导致了如今的触发因素，并有意识地选择我们是希望利用这些触发因素来强化我们的不信任信念，还是从这些经历中获得成长。恢复信任的挑战主要依靠我们自己，我们无法指望生活或他人保护我们免受痛苦。

提醒自己用积极的眼光看待自己的经历，那么即使面临具有挑战性的情况，也能与内心的爱流重新相连。

回顾一下之前讨论过的恐惧、羞耻和不信任这三种创伤，可以帮助我们理解在面对拒绝、外部或内心的批评、引发恐惧的事件，以及一直存在于内心深处的恐惧与不安的潜在情绪时，我们内心的爱流是如何受到考验的。

凯瑟琳经常和她的家人、朋友吵架。她的新男友告诉她，她是个"讨厌鬼"，然后离开了她。她和我们一起参与工作坊时抱怨说，她无法和其他人融洽相处，因为他们"不理解她"。

孩童时期，凯瑟琳长期被母亲疏远。她的母亲并不想要孩子，她对丈夫不满意，而且不愿意花时间和精力照顾年幼的孩子。如今，凯瑟琳觉得她永远无法从童年时的羞耻感和被离弃感中恢复过来，永远无法重新信任生活和爱情。

但是奇迹发生了。她来到塞多纳参加我们的工作坊，在静修的十天里，她每天与我们会面，并在塞多纳令人惊叹的大自然中远足。起初，她不知道自己为什么要来，也不认为多做点儿努力结果会有什么不同，但随着时间的推移，非同寻常的改变发生了。

凯瑟琳开始意识到，她是如何给自己制造痛苦的，她不必像母亲那样，把自己的一生都花在与生活和自己融洽相处上。她意识到，她可以选择如何生活，她可以原谅并忘记母亲是如何对待她的，然后继续自己的生活。她开始欣赏自己的天资和能量，她对自己、他人和生活的看法也发生了改变。如今，距离她来访已经过去了几个月，她的生活发生了很大的变化，她的朋友和客户都在以一种新的方式与她交往。

根据我们的经验，当像凯瑟琳这类人努力探索自己的内心，并在面对挫折坚持不懈时，转变就会发生。

让我们以简洁明了的方式总结一下本章的内容。

当受伤的状态是由外部事件或内心想法与感受触发

时，我们建议采取三个步骤。

- ★ 感受
- ★ 接纳
- ★ 体验

练习 <···

回顾我们提到的四种受伤的状态——羞耻、恐惧、空虚和不信任，问问自己：

1. 我认为自己在哪些方面有缺失？是什么触发了它？当我处于这种状态时感觉如何，我要如何避免这种感觉？

2. 在我的生活中，恐惧有什么样的表现？什么触发了它？我如何体验它？如何避免这种感觉？

3. 我是以什么方式体验孤独和空虚的？是什么触发了它？当它被触发时我有什么表现？当我允许自己去感受它时是什么感觉？

4. 我对他人、爱和生活有什么不信任的信念？在我的生活中，不信任有什么样的表现？当它被触发时，我有什么表现？

爱的密语

提问：我一生都在努力寻找一个真正爱我的人，一个愿意接受我真正爱他的人。但我所有的尝试都是痛苦的失败，我感到彻底的绝望。我出了什么问题？怎样做才能感受到我内心的爱？怎样做才能真正看到并爱我自己？

你的第一步走错了。一旦第一步走错了，整段旅程就错了。你开始寻找一个真正爱你的人——这就是你错的地方。

最基本的一件事是要爱你自己。如果你爱自己，你就会发现有很多人爱你，因为一个爱自己的人会变得可爱、值得爱，会收获优雅和尊严。不爱自己的人是丑陋的，因为如果你不爱自己，你就会怨恨。没有其他选择，你不能保持中立。

第 二 部 分

与他人一起创造和

维系爱流

第4章

如镜般的亲密关系

前面探索了我们如何破坏内心的爱流，以及该如何恢复它，现在我们来看看该如何创造和维系亲密关系。在完美的世界里，我们都会在生命的早期进入"爱的学校"，学习如何爱和尊重自己，以及如何与他人亲密相处，然后就可以有意识地开启我们的爱情故事。但在现实的世界里，通常不会如此发生。取而代之的是，我们坠入爱河是基于惯例、吸引力和对亲密关系的渴望，我们希望并祈祷这段关系能一切顺利。

以下是一些基本的认识，可以为有意识的亲密关系铺平道路。

★ 把亲密关系看作一条成长的道路，把对方看作一面镜子，让我们更多地了解自己。

★ 看透并意识到我们对亲密的恐惧，这样就不会无意识地用戏剧化的表现、逃避和冲突来隐藏这些恐惧。

★ 认识到主动破坏爱的行为模式。

★ 理解投射是如何在我们的亲密关系中运作的。

如果我们对另一个人敞开了心扉，那么可以通过观察对方的感受和反应来了解自己个性的各个方面，并认识到我们内心深处的渴望、未满足的需求和期望。

但某些时候，这面亲密关系的镜子在反映问题时可能相当激进。

在亲密关系的研究中，我们谈到一种叫作"分裂"的东西。这种分裂是指我们内在两个部分之间的分离，这两个部分经常彼此脱离。当伴侣或朋友表现出我们不太熟悉的那一部分时，这种分裂就会体现在我们的亲密关系中。这其实是我们学习融合的好机会，但我们往往会把它推开并对其大加评判。

我们把分裂的其中一面称为"功能自我"，把另一面称为"脆弱自我"。

功能自我

功能自我是我们的一部分，它是理性的，以行动、表现、活跃、忙碌和实现目标为导向。它的形成源自于我们对制定生存策略来应对生活的需求，以及管理童年创伤带来的痛苦、羞耻和恐惧。

功能自我与我们对创造力、成长、活力和贡献的天然热情不能混为一谈。因为功能自我极其关注不计任何代价的生存，它可以以牺牲我们的敏感度为代价，让我们变得野心勃勃、好斗、缺乏耐心、争强好胜。

我们可能很早就认同了我们的功能部分，同时把脆弱自我推入阴影中。

这里有一个例子。

安德烈是一位颇有成就的外科医生，一直非常投入地工作。几年前，他开始对内心工作感兴趣，参加了我们的许多讲习班，也参加了躯体体验治疗，以及学习关于恐惧和创伤的知识。当时，安德烈与一名女子建立了浪漫关系，尽管他觉得这次比以前的亲密关系更友好，但大多数时候他仍然很疏离，很沉默寡言。当对方抱怨并表现得像个被宠坏的孩子时，安德烈会感到很困扰。

"这让你感觉如何？"我们问道。

"我没有任何感觉。我只希望她能长大。"

"这会让你生气吗？"

"一点点，不多。"

安德烈的惊人之处在于，大多数时候，他都是一脸茫然，而且无论我们问他什么，他都会停顿很长时间。安德烈的分手相当戏剧性。他的功能自我非常熟练、自信、能干，但他的脆弱自我处于深深的创伤中。他感到麻木，与他人断联，经常失去生活的乐趣和动力。

我们让他想象他的另一部分，想象有一个小男孩坐在他身边，我们让他告诉我们他是如何看待那个小男孩的。

他说："他僵住了，沉默着，说不出话来。"

"你觉得那个小家伙怎么样？"我们问道。

"事实上，我真的没有时间陪他。如果我关注他，他就会在我工作时分散我的注意力。"

　　当我们强烈认同自己的功能自我时，可能几乎无法容忍任何干扰我们目标的事情，对情绪变得评判和不耐烦，认为它们是一种放纵，会令我们分心。在这种不平衡的情况下，我们很容易精疲力竭，因为我们没有与能量来源相连，而且我们不能接受身体的限制。我们也可能出现烦躁不安、失眠甚至抑郁的身体症状。

　　这些评判可以针对他人，也可以针对自己。当我们强烈认同自己的功能自我时，我们就会将自己的精力、注意力、价值和赞美全部投入这一部分。然而，当我们将功能自我与脆弱自我融合在一起时，它就会变成力量、信心、勇气和安定的源泉。

脆弱自我

　　我们之前讨论过受伤的状态。现在，我们重新讨论这个方面，以此来理解我们的亲密关系是如何发生分裂的。正如我们之前所说的，脆弱自我（受伤的自我）承载着我们的敏感，当这一部分成为主导时，它可能表现为反应性的、情绪化的、上瘾的、拖延的、不负责任的、抱怨的、容易患慢性病的、崩溃的或经常发生事故的。

如果我们更认同脆弱自我，我们会更容易被不安全感和恐惧控制，变得恐慌，感觉随时会被生活压垮。我们可能会寻求安全和熟悉的事物，变得沮丧，而且可能会避免冒险去成长和开放地生活。

当脆弱自我与一个发展良好、富有同情心的功能自我相平衡时，我们的这一部分自我会富有敏感性、深度、耐心、信任、快乐和趣味。

如果我们更强烈地认同其中一个自我，并生活在其状态之下，那么我们常常会发现自己的伴侣甚至朋友可能更认同相反的那个自我。

马库斯和安娜强烈地反映了这种对立。马库斯想和安娜在大自然中冒险，但她太害怕了，宁愿待在舒适的家里。安娜也反对马库斯独自参加冒险，因为她不喜欢独自一人。与此同时，马库斯公司的员工也向他抱怨，说他太野心勃勃、爱评头论足、太有进取心。很明显，他对无能没有丝毫耐心，他

强加给自己和他人的高标准让人害怕。在他的亲密
关系中，马库斯过度认同他的功能自我，而安娜过
度认同她的脆弱自我。

这两面差异越大，我们在亲密关系中就会离对方越
远。我们的功能自我很容易寻找一个更不安、更害怕的
伴侣来照顾，但结果我们只会变得气愤怨恨、吹毛求疵
和精疲力竭。另一方面，我们的脆弱自我可能寻找一个
功能性伴侣，希望和期待被拯救，但一旦发现自己失去
了力量，就会变得怨恨和愤怒。

当我们意识到自己的这两个部分以及它们在亲密关
系中的表现时，会对融合我们不太熟悉的那一面有很大
帮助。但是，当我们意识不到这一点时，很容易导致无
休止的戏剧性冲突、痛苦和折磨。

帕特里夏和利昂在一起已经8年了。帕特里夏
是一位成功的律师；利昂是一名生活教练，正在开
发他的实践课程。利昂抱怨说，帕特里夏永远没
空，总是很忙，而且总是和别人在一起，而不是和
自己共度美好时光。

帕特里夏抱怨利昂过于情绪化和敏感，这让她很困扰，因为她认为他一直沉溺在自己的"问题"里。在日常生活中，帕特里夏显然更认同、更活在她的功能自我中，而利昂则更关注他的脆弱和伤口，很难维持和帕特里夏的生活。

然而，在他们的性生活中，帕特里夏的脆弱自我出现了。利昂渴望更多的性生活，但帕特里夏总找借口拒绝。最终，利昂感到非常沮丧，于是他们来找我们帮忙。

当我们一起探讨这个问题时，发现帕特里夏对接近任何一种男性能量都非常敏感，因为她的好斗父亲给她造成了很大的创伤。她意识到她在做爱时，总是处于抽离状态，无法感受到她的身体或需求。当与利昂做爱时，她感觉自己完全僵住了，认为自己不性感，而且没有活力和激情。这就是她避免做爱的原因。

幸运的是，帕特里夏愿意了解自己脆弱背后的原因，并意识到这让她与利昂变得更亲近了，现在帕特里夏对利昂的敏感情绪不再那么挑剔了。从利昂的角度来看，他发现自己可以从帕特里夏在生活实践方面的技能、自信和投入中得到启发，现在他愿意从中学习。

分裂的两面都拥有美好而珍贵的品质，这些品质对于我们整合自身非常重要。只有当我们失去平衡、过度偏向一边时，它才会变成一个问题。那时，我们就会失去两方面的美好品质。

当我们开始把注意力转向内心，并借来自他人的反应来更深入地审视自己时，我们会发生转变。从某种意义上来说，我们可以利用对方的触发、能量或反应来更深入地探索自己的内心活动，并开始认识到我们之前没有意识到的自我部分。对于那些我们评判和排斥的方面来说尤其如此。

例如，我们可能自认为处于开放和脆弱的状态，但如果我们注意到朋友或伴侣正在封闭自己、生气、无法倾听，这通常表明我们实际上并不开放和脆弱。我们可能在责怪对方或希望对方改变。有时候，要清晰地认识到这一点并不容易。

简而言之，我们可以把亲密关系当作一面镜子，帮助我们找回那些失去的部分。

练习 ❮···

问问自己：

1. 在我的生活中，我赋予了什么更多的价值和关注——是生产力和效率，还是我的感受、恐惧和不安全感？

2. 我是否对他人或自己的低效率、恐惧和不安全感感到不耐烦？

3. 我是否会因为某人不敏感、没有意识到自身的脆弱和开放的意愿之间的联系而评判他/她？

4. 我是否更吸引功能自我强大，但与自身脆弱和情绪脱离的人？或者我是否吸引那些更熟悉他们的恐惧和不安全感，但不太有能力应对这个世界的人？

爱的密语

亲密关系是一面镜子，爱越纯洁，爱的程度越高，镜子就越清晰干净。但更高级的爱需要你敞开心扉，需要你变得脆弱。你必须脱掉铠甲，这是痛苦的。你不必时刻保持警惕。你必须放弃你的算计。你必须冒险。那个人可能伤害你，这是脆弱时的恐惧；那个人可能拒绝你，这是恋爱中的恐惧。

你看到的镜中的另一个自我也许是丑陋的，这是焦虑。有人告诉你不要照镜子，但是如果你不照镜子，你就无法变得美丽，你也不会成长。我们必须接受挑战。

一个人必须学会去爱。因为只有当你被他人的存在激励，当你因和他人的连接而得到提升，当你从自恋的、封闭的世界中被带出来，你才会意识到你的整体性，才能在开放的天空下尽情展现自己。

第5章

探索我们对亲密关系的恐惧

我们经常听到客户说，他们想要一个亲密的伴侣，但不明白为什么遇不到。我们需要揭开的第一个问题，是我们会有意或无意地害怕让某人靠近。我们常常没有意识到自己对亲密关系的恐惧，而认为无法获得爱只是因为找不到"合适"的人。除非探索内心深处的恐惧，否则我们容易破坏为亲密所做的努力或干脆避开这件事。

有时候，恐惧在一开始就阻止我们靠近某人，又或者当我们与某人足够亲近，他/她开始深深地触动我们的心时，恐惧才浮出水面。然后，早期创伤造成的无意识的渴望和对亲密的恐惧开始出现。然而，我们往往不会以一种健康的变革性方式处理这份恐惧和渴望，而是把它们隐藏在微妙的权力策略和坚定的信念背后。

例如，我们会掩饰自己的恐惧。

★ 我们可能相信靠近某人意味着将失去自由，而且对方在内心深处只想控制、操纵或占有我们。

★ 我们可能选择多个伴侣，因为这样更安全，更令人感到兴奋。

★ 我们可能发现自己处于一种不平等的亲密关系中，对方是父母、老师、导师或治疗师，而我们是孩子、学生、门徒或客户。

★ 我们可能相信，甚至体验过，我们根本找不到一个足够成熟、体贴的人，或者我们可能隐藏起来，暗中判断某人是否能成为潜在伴侣。

★ 我们可能在寻找一个人来拯救自己，不断地吸引不可得的伴侣，或需要被拯救的伴侣。

一旦进入一段亲密关系：

★ 我们可能在工作或其他事务中忘记自我，这样就不必保持开放和感受自身的恐惧。

★ 我们可能上演戏剧化情节或玩权力游戏，而不是冒险让自己展现脆弱。

★ 我们相信自己的期望是合理的，所以当得不到想要的东西时，会变得苛刻、掌控欲强、愤怒、情绪化或冷淡疏远。

以下是我们在工作中遇到的一些例子（为了保密，我们采用了化名，案例内容也有所改动）。

斯蒂芬相信女人只想控制、操纵或占有他，所以他一直与女性保持安全距离，不让任何爱情伴侣变得对自己过于重要。他没有意识到自己对亲密的恐惧。

保罗声称他对爱情是完全开放的，他坚信一夫一妻制是世俗的，拥有多个伴侣是更有创意、更有活力的生活方式。他的伴侣西尔维娅在关系刚开始时同意保罗的观点，允许他和不同的伴侣在一起，但现在她厌倦了，想要与他建立更深层次的关系。

利利安娜坚持认为她找不到一个足够成熟的人，她认为所有男人都是肤浅的，只对性感兴趣。当她只关注别人的问题时，她看不到自己内心的恐惧。

马克和卡伦经常吵架，两人都坚决认为是对方的错。他们之间不断上演的戏剧化情节掩盖了他们内心的恐惧，事实上，他们必须去感受彼此的脆弱，并真正地靠近对方。

威廉用他的财富和权力来掌控事物，总是能得到他想要的任何东西。他的亲密关系非常肤浅，内心非常孤独，但他的痛苦还不够深刻，不足以激励他更深入地探索自己、敞开心扉。

我们常常会用这些方式来隐藏自己对建立深入、忠诚的亲密关系的恐惧。比起在某人面前展现脆弱、向他人承认自己内心是多么害怕和缺乏安全感，运用这些保护策略可能更容易。

我们可能长期生活在某种保护策略下，以至于我们不再认为这是一种保护，没有意识到隐藏在这种保护背后的是恐惧。我们可能只意识到缺少了什么，感到有些痛苦，或者更深入的亲密关系进展不顺利。

亲密关系中的五大恐惧如下。

害怕被拒绝和失去。这种恐惧来自我们被抛弃、被伤害的经历，当我们把别人看得很重要时，这种恐惧就会非常强烈。

害怕暴露。这种恐惧来自我们内心羞耻的伤口，当我们强烈认同这种创伤时，我们最不愿意做的就是向别人暴露自己的不安全感。

害怕失去自我。这种恐惧也来自我们羞耻的被伤害经历。当我们靠近某人，而且内心不够坚实时，我们很容易妥协或感到自卑。

害怕被入侵并失去自由。这种恐惧来自对边界的不安全感，以及过往边界被入侵的经历，我们总觉得有责任照顾那些亲近之人。

害怕厌倦。如果我们选择与某人走得更近，而且对兴奋和不断变化的体验上瘾，那么这种恐惧就会产生。

这五种恐惧通常源于童年的创伤，通过控制我们的思想、感受和行为来发挥作用。

选择与某人保持深入的爱的联系可以帮助我们直面而非逃避这五种恐惧。亲密关系给我们提供了一个舞台，暴露我们被抛弃和羞耻的伤口，促使我们克服这些恐惧，学习找回自己的边界，保护自己，并发现和肯定我们的个体性。

靠近某人，让他/她变得对我们真正重要，是学习这些宝贵人生课程的最好方法之一。

练 习 ‹···

问问自己：

1. 在我们提到的对亲密关系的五种恐惧（害怕被拒绝和失去、害怕暴露、害怕失去自我、害怕被入侵并失去自由、害怕厌倦）中，你能理解哪几种？

2. 这些恐惧曾如何影响或仍在影响你的人际关系？

3. 这些恐惧导致你做出什么具体行为？

4. 你认为这些恐惧的根源是什么？

5. 你是如何避免面对这些恐惧的呢？

爱的密语

每个人都害怕亲密。至于你是否意识到了这一点，是另一回事。变得亲密意味着在陌生人面前暴露自己。我们互相都是陌生人，谁也不了解谁。我们甚至对自己都是陌生的，不知道自己是什么样的人。

亲密关系会让你更靠近陌生人。你必须放下所有防御，只有这样，亲密关系才有可能发生。你害怕的是，如果你放下所有防御、所有面具，谁知道这个陌生人会对你做什么？

我们都隐藏着许许多多的事情，不仅对别人，也对自己，因为我们是在一个病态的人性环境中长大的，这个环境里充满了各种各样的压抑、禁止和忌讳。我们害怕和陌生人在一起，你可能和一个人生活了三四十年，但陌生感一直没有消失——保持一点儿防御、一点儿距离会让人更有安全感，因为有人会利用你的弱点、缺点和脆弱之处。

第6章

我们如何破坏与他人的爱流

　　我们对亲密关系的恐惧实际上藏得非常深、非常隐蔽，所以我们会通过很多方式，用不正常的行为和态度来破坏亲密关系也就不足为奇了。

　　例如，我们在亲密关系中有很多幻想和期望，当它们没有得到满足时，我们就会感到失望甚至被背叛。我们可能希望自己被拯救，把伴侣当成自己的母亲、父亲或老师，或者扮演其中的某一个角色，把伴侣当作自己的孩子或学生。我们对爱的渴望导致我们把人理想化，一旦我们更了解他们，他们在我们心中的形象就会从神坛跌落。我们可能变得情绪化或开始怀疑这段关系，而没有意识到实际上发生这一切只是因为我们的期望没有得到满足。我们甚至可能做不到承认自己怀有期望。

　　当萨拉见到彼得时，她确信彼得就是她的"真命天子"，因为从表面上看，他符合自己的所有要求。彼得经济实力雄厚，充满自信，彬彬有礼，待人十分贴心。她很快搬去和彼得一起住，但几个月后，她发现彼得没有诚实地向自己说明他与其他女性之间的关系，而且还在互联网上与其他女性调情。此外，彼得控制欲强，很容易被激怒，生气时还会辱骂她。

　　一旦进入一段亲密关系，遇到矛盾时，我们可能很容易生气或退缩，重新使用我们习惯的防卫策略。我们可能发现自己不断地陷入戏剧化的情节中，不管不顾地发怒、责备、批评或评判他人。我们的爱情关系甚至友谊，都可能变成一个充满冲突、缺乏亲密的故事。任何一些负面感觉，如不被关心、不被理解、不被支持、不被爱、不被关注、被拒绝性生活，都可能成为我们退缩或攻击的理由。

有时，缺乏自尊会表现为不断地吸引得不到的伴侣。进入一段亲密关系后，我们可能发现自己会容忍对方的辱骂、拒绝和羞辱，因为我们小时候经历过这些，而且仍然觉得这是自己应受的。

40岁的苏珊感到心烦意乱，因为交往了一年的男友告诉她，他在他们的关系中看不到未来，并提出了分手。在过去的六年中，这是她第三次被拒绝。这一次，苏珊觉得他和自己以前认识的那个男人不一样，因为一开始他似乎被自己深深吸引，他深情、体贴，而且真的对自己感兴趣。但随着时间的流逝，这种感觉开始消退。他和她在一起的时间越来越少，即使见面，也主要和性有关。

我们问苏珊："最初他吸引你的是什么？"

苏珊回答："他长得那么帅，身材那么好，那么迷人、有魅力，而且似乎真的很喜欢我。另外，他有很好的经济实力，我喜欢这样的男人。"

"你发现他有什么让你心烦的地方了吗？"

"是的，他有点以自我为中心，不太善于倾听。但所有男人不都是这样的吗？"

"他和你的父亲有什么相似的地方吗？"

"是的，有一些，但为什么要提这个呢？"

"苏珊，"我们问道，"当你靠近一个男人时，你容易失去自我吗？"

"是的，我会。我会崇拜他们，然后忘记自己，放弃我所有的力量。在工作中或与朋友相处时，我不会这样，但与男人交往时，我总是会如此。"

我们也会用亲密关系来隐藏自己对孤独的恐惧，寻找能带领我们远离内心空虚的伴侣。我们常常会处于一段双方都无法成长的亲密关系中，或者习惯性地社交，甚至不去质疑它能否满足我们，这些都只是因为我们害怕孤独。

因为过去我们有太多需求未被满足，所以我们会向外寻找活着、被爱、安全、被供养、被保护和积极的感觉。当生活或其他人没有给我们想要和期待的东西时，我们会变得情绪化或自我破坏。

一旦明白所有这些行为和态度只会让建立和维系爱的关系变得困难时，我们就准备好做出改变了。然后我们可以自由地选择另一种方式来生活和爱。我们开始看到生活或另一个人不一定会满足我们所有欲望和需求，但会帮助我们成长。

当需求没有得到满足时，我们可以选择不采取行动，感受这种烦躁不安，学会深入内心安抚自己。然后我们的生活会开始发生根本性的变化。

以下是我们破坏亲密关系的五种最常见的方式。

生活在浪漫的幻想中。很多时候，我们会不自觉地怀着被奇迹般拯救的梦想进入一段亲密关系，我们处于一种困惑、稚嫩的状态，仰望着另一个人，希望他/她能给予我们指引、答案、支持、安抚和慰藉。我们看不到他们的本来面目，因为我们不想看到他们的缺点或不足。实际上，我们必须长大，必须依靠自己。

相信并根据我们的期望行动。在进入亲密关系时，我们常常会不知不觉带有很多期望，这些期望往往在我们得不到想要的东西时才会被触发。我们为自己的期望辩解，认为对方应该基于我们想要的东西，或者对方应该是另一个模样。当我们的情绪被触发时，我们要么运用各种策略采取行动，要么相信期望没有被满足是因为我们犯了错。

用亲密关系来掩盖恐惧和不安全感。这种破坏是前两种行为的基础。要明白很重要的一点是，当恐惧和不安全感驱动我们的亲密关系时，通常会引发不健康的相互依赖、持续而未解决的戏剧化情节，甚至暴力行为。

对愤怒和情绪释放不负责。当我们被他人触发时，情绪很容易使我们做出失控和攻击行为。这会造成无法弥补的伤害，特别是如果我们不承担责任，也不尝试修复信任时。

坚持采取防卫策略。我们的防卫策略来自内心的不信任和伤痛，这样做会把我们和他人的距离拉远。防卫策略通常不会在一段亲密关系刚开始时出现，但随着时间的推移，它们开始浮出水面。它们根植于内心的习惯性反应，我们需要充分意识到这一点，才能认清和放下防卫策略。

想要摆脱这些破坏行为，我们需要认识到它们如何扼杀我们的生活，并敢于展现内心的脆弱。通常情况下，我们不会对内心从开放到封闭的变化承担责任，也不会将触发性事件视为关系发展的机会。我们会为自己的防卫策略辩护，并无视其带来的后果。但这样做的代价非常高，因为我们会失去内心的爱流和亲密的可能性。

当我们认识到亲密关系所带来的机会时，我们就会开始更深入地关注亲密关系。当我们的不信任被触发时，我们不能放任自己的不信任，而是要把注意力转向内心，感受正在形成的伤口，并意识到当下的情况提供了一个机会，让我们整合原先没有意识到的事实。

练习 ‹···

想一想如今你生命中最重要的亲密关系，然后问问自己：

1. 当我的期望没有得到满足时，我该如何反应？如果我没有做出反应，我会有什么感觉？

2. 我是如何隐藏在面具后面，或者用什么方法来掩盖我的不安全感和恐惧的？

3. 当我隐藏或保护自己时，我要如何体验自身的感受？

4. 我是如何看待我所防备的对方的？

爱的密语

当你开始与人交往时，你必须考虑到他们不是物品，他们是有意识的。你无法支配他们，尽管几乎每个人都试图这样做，并不惜破坏整个生活。当你试图支配一个人时，你就在制造一个敌人，因为那个人也想要支配你。你可以称这种关系为爱情，也可以称之为友谊，但在这份友谊、爱情和兄弟情谊的幕帘背后，是强烈的权力意志。你想要支配，你不想被支配。

与人交往，你将处于不断的冲突之中。你们的关系越亲密，冲突对你的伤害就越大。许多人在人际关系中受到了非常严重的伤害，以至于他们退出了所有人类之爱和友谊。他们转向了物。这更容易，因为无论你想做什么，另一方总是愿意的。

与另一个人相爱不是一件容易的事。爱情是世界上最难的事情，原因很简单——两种意识，两个活着的人，不能容忍任何形式的奴役。

爱一个人是世界上最难的事情之一，因为当你开始展露你的爱时，对方就踏上了一场权力之旅。他/她知道你依赖他/她。你可能在心理上、精神上被奴役，没有人想成为奴隶，但你所有的人际关系都变成了奴役。

爱需要清晰的视野。爱需要清除你头脑中所有丑陋的东西——嫉妒、愤怒、控制欲。

爱是随着人类意识诞生而产生的一种新现象。你必须学会它。

第7章

投射的力量

我们会倾向于重复童年模式，一部分原因是我们很熟悉这种模式。但重复这些模式有另一个原因，那就是我们头脑中更富有智慧的自我在引导我们面对痛苦的情况，以学习基本的生活课程，并帮助我们整合小时候失去的部分。

如今，我们会带着"爱"或"缺爱"的深刻印记进入一段段亲密关系，这些印记来自我们生命中最早的相关经历。我们早年对情绪协调、认可、肯定、触摸、关心、同情和支持的需求是否得到了满足，会给我们带来强大的影响。

当朋友或伴侣满足了我们的这些需求时，我们会认为并感受到对方是善良的、接纳和爱我们的、值得信赖的和安全的。当需求没有得到满足时，我们会感受到并认为对方是拒绝自己的、敌对的、严厉的或不安全的。我们内心那个不成熟的自己看待事物是非黑即白的，要么好，要么坏；要么安全，要么不安全；对方要么是充满爱的，要么是拒绝自己的。

通常只有在某人对我们来说非常重要时，这种情况才会出现。我们会惊讶地发现，当我们的基本需求没有得到满足时，自己会多么迅速而坚决地把对方从朋友划为敌人。我们的不信任主导了一切，我们会失去爱流。

这个过程是非常痛苦的，因为在我们眼中现实情况已经改变了。在这种不信任的状态下，我们会集中关注从外界得不到什么，而不是静静地面对和感受这种痛苦情绪。但问题在于，只有感受这种情绪才能带来转变，最终让我们找回自己。一味地指责他人只会让我们一直处于防卫状态，无法敞开心扉。

除非我们理解这种机制，明白创伤印记的力量，否则我们很容易认为自己是受害者，并认为是他人或关系本身出了错。

并不是身处在一段亲密关系中，我们就总是会成长。有时候，成长是有勇气离开，而不是一旦得不到我们想要的东西就过度反应。

安尼塔48岁了，她不太开心，因为她和异性之间的亲密关系似乎从来没有成功过。她经历过的亲密关系似乎都会先顺利一段时间，然后她会充满希望，认为也许自己终于找到了合适的人。后来，当她发出的电子邮件或短信没有得到期望的回复时，她就会生气，开始攻击对方，说他太难相处或不负责任。这样做总是会把对方推开，然后她就会觉得自己没有人爱，认为所有男人都不值得信任。

安尼塔的印记来自那个不欢迎她、不爱她、经常批评和羞辱她的母亲，这段经历让安尼塔感到很痛苦，内心充满了不安全感和被拒绝感。所以很自然地，她对拒绝非常敏感。当她感觉一个潜在的伴侣或朋友对自己缺乏感情或兴趣时，她就会认为这个人不爱自己了，把对方从朋友划为敌人。她会感到自己被拒绝、不值得被爱、不讨人喜欢，防御心会占据她的内心，她会开始责怪和攻击。

我们工作的重点是帮助她理解自己内心的恐慌和羞耻，意识到她多么容易把对方的行为理解为拒绝，以及意识到当她在努力寻找伴侣时，疏远异性和生活中的其他朋友会如何破坏这种努力。

早期刻下的印记不仅会影响我们如何从被爱和安全转变为被拒绝和不安全，也会深刻地影响我们如何看待和感受自己。我们在孩童时期会受到不同的对待，由此可能感到自信、可爱、能干、勇敢、积极、好奇，或者感到可耻、挑剔、愤怒、恐惧、崩溃、好斗和消极。

在很重要的亲密关系中，即使是最轻微的不被爱、被误解、被拒绝或不被尊重的感觉，也会引发我们对他人或自己深深地不信任，感觉自己做错了、不讨人喜欢或不够好。

在一段亲密关系刚开始时，我们可能对对方和自己都有着非常积极的印象。在这个早期阶段，我们可能感到自己终于得到了长久以来渴望的爱。

但当我们不信任的伤口被触碰到时，一切就改变了。

当对方令我们失望，展现出他/她身上我们不喜欢的方面时，我们就会退缩，我们对自己和他人的负面印记就会浮现。

当负面印记越来越多地被触及时，我们的头脑会被防卫策略占据，这会不可避免地导致关系越来越戏剧化、距离越来越远、痛苦越来越多。有时候，这些负面印记可能导致我们无意识地彻底远离亲密关系，专注于那些不会引发伤害和恐惧的事情，比如工作、爱好、运动，甚至冥想。

亲密关系中的许多冲突、误解和伤害都是这样发生的。当我们把父母投射到伴侣身上时，最微小的情况都会触发情绪，实际上我们是对父母而非伴侣做出反应，却由此迷失在了无休止的戏剧化事件中。我们常常会咬定伴侣或朋友的一些行为，以此证明我们做出这样的反应是对的。除非我们明白眼前的这个人只是触碰了我们的伤痛印记，并非痛苦的真正根源，否则我们会继续迷失，相信是他人出了问题，无法找到问题的根源，也无法实现转变。

例如，珍妮丝只要从她的伴侣安德鲁那里感受到最轻微的冷漠，就会立即发怒并批评对方。她还会在性方面拒绝安德鲁，但她没有意识到原因。表面上贾尼丝是在拒绝所有男人，实际上她是在不断地、无意识地拒绝她的叔叔，因为她小时候被叔叔性侵过。

兰德尔认为伴侣艾丽丝做出的任何评论都是对自己的一种侵犯，并指责她控制和阉割自己。兰德尔没有意识到实际上他是一直在拒绝曾经控制自己的母亲。

当我们意识到并感受到负面印记是如何掌控自己时，转变就真正开始了，我们会意识到这只是我们对过去伤痛的条件反射式的重演。我们会开始认识到，如今我们是有意识的，可以做出选择，不再是曾经那个无助和依赖父母的孩子了。我们会发现，我们不需要另一个人来满足自己那些曾经未被满足的需求。

当我们深刻理解了这种机制，以及它是如何破坏亲密关系的，我们就向建立和维系健康的亲密关系踏出了重要的一步。

练 习 <···

**探索早年你与父母、兄弟姐妹的亲密关系在你心中留下
的基础印记，问问自己：**

1. 在我与父亲/母亲/兄弟姐妹的亲密关系中，我对自己
   有什么样的印象和感觉？是认为自己本身或做的事
   情讨人喜欢、被爱、受欢迎、有能力、被欣赏，还
   是相反？

2. 在这些早期的亲密关系中，别人在我心中形成了什
   么样的印象？是安全、温暖、关爱自己、接纳、充
   满爱、尊重、能倾听、不评判、支持、可靠，还是
   相反？

3. 基于这些早期的印记，当我靠近某人时，我的行为
   举止如何？现在我又是如何做的？

爱的密语

现在的问题是：你必须经历这一切，因为你不知道自己是谁，你需要某种身份，也许获得的身份是假的，但总比没有身份好。你需要一些身份认同，需要知道自己到底是谁，所以就创造了一个虚假的内核。

"我"并不是真正的内核。它是一个虚假的内核，它是功利主义的、虚构的，由你制造出来的。它和你真正的内核没有任何关系。你真正的内核是一切的中心。你真正的自我是所有存在的自我。在内核中，整个存在是一体的，就像在太阳光下，所有的光线都是一个整体。它们离内核越远，彼此就离得越远。

第8章

我们为什么会争吵

朋友、夫妻之间难免会争吵，了解其中的原因很重要。大多数人都希望与亲密的伴侣或亲近的朋友建立同情、理解、温柔的情感联系，以及在遇到干扰、误解、冲突或分离的情况时仍能保持爱流。但我们并没有考虑到自己在进入任何重要的亲密关系时，通常会有许多容易被触发的情绪。当情绪被触发时，我们可能做出意想不到的反应，与我们心目中那个充满爱、富于同情和关心的自己完全不同。

我们甚至可能习惯性地对亲近的人发怒，攻击或疏远他们，甚至不需要被触发也会这样做。我们的内心长期处于紧张状态，所以很容易发怒，这是因为我们感觉不到自己内心的爱流，即使是最轻微的刺激，也很容易使我们心烦意乱。这个过程可能会自动发生，而且常常是无意识的。大多数人的内心深处都积蓄了很多羞耻、屈辱、无力和无助的感觉，当这些感觉被触发时，我们会觉得难以忍受，想要反击。

当被激怒时，我们很容易口不择言，这会破坏双方之间脆弱的信任。而且，我们常会为自己的怒火和争吵行为找借口，而不深入观察内心，承担起自己应负的责任。

这时，我们要么主动表达愤怒，要么被动地后退，并因为某些原因而冷淡对方。我们会感觉自己被对方误解，感到非常沮丧，因为我们对爱的期待没有得到满足；我们会受到刺激，感到不知所措，感到被打扰或侵犯，并且相信我们需要保护自己。当事情没有像我们希望的那样发展，他人没有实现我们的期望，或者我们没有实现对自己的期望时，我们就会发怒，或感到屈辱、无助、难以忍受或不被尊重。

以下有几个实例。

当马克斯感觉女朋友玛丽越来越黏人和难以满足时，他什么也没说就切断了两人之间的联系，经常好几天不和她说话。玛丽令他想起了他那霸道专横的母亲，他感到非常愤怒，因为玛丽没有顾及他对个人空间的需求，而他觉得自己的行为是完全合理的。马克斯很难意识到，自己的强烈反应实际来自内心深处对母亲不断入侵自己个人空间的无助和愤怒。他想惩罚玛丽和所有女人。

　　但是，玛丽同样有她自己的愤怒。当她察觉到马克斯的疏远时，即使是因为他忙于工作，她也会被激怒，对他的疏离、忙碌和封闭自我大发脾气。这让她想起了很少在家的冷漠的父亲，以及难以捉摸的有自杀倾向的母亲。

　　路易莎曾被她父亲性侵。她非常漂亮，很容易吸引异性。她在亲密关系中的性交往一直比较表面，她不想和男人交往得更深入，因为她害怕亲密，在男人面前变得脆弱会令她感到不安全。如果一个男人没有达到她对性体验的期望，她就会把他说得一文不值，认为他"不够男人"，然后就离开对方。路易莎很难意识到，她的这些行为都是受她父亲的影响，她想要报复其他男人。

当我们做出生气的反应，变得咄咄逼人或冷漠时，我们会觉得这种能量使我们产生了一种很久以前失去的权力感。

当冲突出现时，我们常常会发现内心存在着我们未曾察觉的愤怒。一开始我们可能觉得自己的反应是合理的，但如果我们更深入内心，常常会发现自己的愤怒似乎并不恰当。

实际上，这种能量的出现是健康的，因为这是一种自然的保护，不过，它出现的时机错位了。这种反应源自我们小时候被剥夺权力、被羞辱、被抛弃、被压抑或被侵犯的经历，并在长大后的亲密关系中反复出现。

举例来说，安德烈娅经常批评丈夫马修的开车方式和穿着。当我们问她为什么要说这些话时，她承认她觉得自己不如他，所以想贬低他。安德烈娅觉得她不仅要保护自己，还要为所有被男性伤害和压制的女性挺身而出。

根据我们的经验，人们常常会习惯于对朋友或伴侣做出贬低性评论，而没有意识到这是因为自己内心感到羞耻而做出的反击。如果不努力探索和承认我们内心的不安全感，继续这样做，就会破坏亲密关系中的信任感和安全感。

争吵的原因

争吵比展现脆弱更让人感到安全。许多人是在弥漫着主动或被动敌意的环境中长大的，这就是我们所接受的"爱"的原型。如今，我们在亲密关系中可能以同样的方式与对方相处，因为我们只知道这种相处方式。或者，我们可能会吸引那些像小时候那样虐待或抛弃我们的伴侣。其实，在内心深处，我们对曾经目睹以及受过的对待怀有深深的怨恨。我们在生活中总是感受到威胁，尤其是当我们允许某人靠近时，即使感受到了最轻微的侵犯或冷漠，我们也会感到必须保护自己。所以，当我们感到受伤时，争吵似乎比敞开心扉更安全。

争吵带给我们一种虚假的权力感。感受到愤怒，甚至知道自己拥有报复的能力会令我们感到满足，这会让我们相信，自己在面对身体或心灵伤害时不再像从前那样无助或脆弱。我们可能会无意识地寻求甚至享受被激怒的感觉，这样我们就可以测试自己是否重新找回了失去的力量。我们甚至会认为，和一个不会激发我们无力感的人在一起很无聊。我们坚持认为，通过表达愤怒或进行了报复，我们能夺回属于自己的权力。

戏剧化情节、冲突和对抗令人兴奋和分心。争吵使我们不必感受内心深处的痛苦、羞耻、空虚和恐惧。我们让自己陷入无数的戏剧化情节来激发内心的愤怒或报复。有时，我们不会退后一步让事态冷静下来，而是会火上烧油，好让自己保持忙碌、有事可做。这种想法也会影响我们的性感受，使性活动更多地由对抗而不是爱组成，并更多地再现孩童时期的支配或服从经历。

争吵帮助我们感受。争吵之所以吸引我们，可能是因为我们想要感受更多，特别是当我们的身体系统里有大量封存已久的恐惧时。通过激发强烈的感觉，我们可能走出否定、脱节和麻木的状态，重新感受活力。激烈的冲突可能激活内心深处曾经被自己埋藏、否认、压抑的愤怒和悲伤情绪。当受到多重打击时，我们可能会切断自身的感觉，因此后来我们会欢迎任何强烈的感觉，只要能够感受到一些东西。

克服争吵的冲动

我们怎样才能有效地克服争吵的冲动呢？

确认愤怒和防卫的冲动。很重要的一点是，首先要确认当某人对我们很重要时，我们的情绪有多强烈以及有多容易被触发。当感受到威胁时，植入我们身体的生存策略会促使我们做出反应。这种威胁可能是急性的，也可能是慢性的。我们自童年时期起积累的慢性羞耻和恐惧，使我们在与人交往时，常常因微不足道的小事而触发情绪反应。同情并理解自己非常重要，因为如果缺乏这种同情和理解，那么受伤后的愤怒和报复欲望会非常强烈和难以抑制。

区分感受和行动。然而，仅仅确认情绪是不够的，因为我们习惯性的和未经思考的攻击行为，会对我们的亲密关系造成无法弥补的伤害。懂得区分报复的冲动和实际采取报复的行动很重要。报复的冲动会很强烈，但随着我们更加理解自身的感受，我们可以选择不采取行动，带着愤怒和痛苦的情绪暂时远离我们的伴侣。

卡尔很容易被他的女朋友安吉拉激怒，当卡尔感觉安吉拉不像以往那么经常做爱，或者过程中不如他想要的那般投入，他就会对安吉拉大喊大叫。安吉拉很震惊，由此更加远离他，而这令卡尔更加愤怒。卡尔告诉我们，他多年来一直压抑着内心的愤怒，现在他认为表达出来对他来说是健康的。

"好吧，"我们对他说道，"你有这股能量没有问题，你对长期压抑感到愤怒是很自然的，但你觉得这样做有助于你的亲密关系，可以给你带来你渴望的东西吗？"

"嗯，不行，但是当她把我惹毛时，我该怎么处理我的愤怒呢？"

"你觉得这股愤怒只是由安吉拉引起的，还是有更久远的原因？"

"当然，小时候发生的很多事情会令我感到愤怒，但我已经接受了很多治疗，我认为把这些回忆再挖出来没有任何意义。"

"卡尔，当安吉拉没有给你想要的东西时，这会刺激到你内心的被抛弃和羞耻的伤口。当你把怒气发泄在她身上时，只会令她更加远离你。今后当你生气的时候，你或许可以避开她去处理你的愤怒，这样她就不会受到影响。愤怒并没有错，但隐藏在愤怒背后的是曾经被拒绝的痛苦和羞耻感，这些伤口需要被感受到，这与安吉拉无关。"

让心变得柔软。当我们更深入地理解自己的痛苦和羞耻，同时确认和探索自己的生命能量时，我们内心的某一部分会变得柔软。不仅在面对那些引起我们痛苦的人时是如此，在面对我们自己时也是如此。我们开始意识到，亲密关系会揭示内心深处的无力感、无助感和耻辱感，我们一直以来都把这些感受藏在心里。伴侣会帮助我们看到这些伤口，这样我们就能得到治愈，并与之和平共处。这是亲密关系带给我们的礼物之一。

获得个人权力感。克服发怒和攻击冲动的最后一步是努力获得个人权力感。当我们开始为自己的生命、生活方式、做出的贡献，以及我们的亲密关系感到骄傲时，我们在面对羞辱时就不再那么脆弱了。

多年前，我（克里希）对被轻视、被贬低、不被尊重非常敏感。我知道这部分感受源自我和哥哥的关系，为此我做了大量的工作来进行修复。当我开始为自己的生命感到更加骄傲，并且能够看到和感受到一些证据，证明我为自己的生活方式感到骄傲时，我不再强迫性地拿自己和他比较，不再需要他的认可，也不那么容易受到其他人批评的影响。

我花了好多年才做到这些，有时我仍然能感觉到我的愤怒/报复倾向带来的影响。过去，我会评判这一部分的我或为之辩解，现在，我学会了与它和平相处，尤其是当我感到被侵犯时。有时这一面出现时比我想象的更激烈，但这能够帮助我获得更多力量感，并且接受它成为我个性的一部分。

要走出孩童时期的创伤，走出内心深处的无力感、羞耻感以及由此带来的身份认同，并不容易。大多数人都曾在家里或学校里遭受过羞辱，这些经历会灼烧我们的内心。我们可能用上瘾行为、工作或其他分散注意力的事情来遮掩这个伤口，但一旦我们进入亲密关系，它就会再次出现。

我们可以采取一些具体行动来克服这种受害者的身份认同，主宰自己如今的生活。我们可以在健康的环境中积极地处理自己的愤怒和能量，比如参与自卫或拳击课程，一点点履行我们的承诺，完成手头的事情，学会在得不到想要的东西时控制沮丧情绪，设定适当的边界，不让恐惧或羞耻掌控我们的生活、决定或行动。

这些行动会让我们拥有更坚实的自我感觉，此后我们在受到外界批评、侵犯和伤害时受到的影响会更小。

练习 ◀···

问问自己：

1. 我是否注意到自己在某些情况下会生气，而且我的怒火似乎有些过头？

2. 在这些时刻，我在想些什么？

3. 我在评判自己的愤怒和反应吗？

4. 如果我把注意力放在愤怒背后的原因上，那么是我的什么感受让自己如此生气，是感到无助、被羞辱、不被尊重、不被理会，还是被忽视？

5. 这些情况让我看到了关于我的不安全感和恐惧的哪些方面？

6. 这些情况是否让我想起了过往的类似经历？

冥想：与愤怒、攻击情绪和平共处

（你可以读出并录下这段冥想过程，然后回放给自己听，也可以让朋友读给你听。）

花点儿时间找一个舒适的地方坐下或躺下。

慢慢地让注意力进入身体，观察自己的吸气、呼气。

让自己慢慢放松。

我们要探索内心一个封存了许多深刻感受的地方。

想象一下，最近你被某人或某事激怒了。

也许在事情发生时你把事件对自己的影响降到了最低，但你可能注意到，这不是这个人或这种情况第一次让你产生这种感觉。

也许你对某件事感到心烦意乱，很想去做或说些什么。

也许你感觉有人控制你、羞辱你、不公平地对待你、不尊重你、不体谅你。

也许你感到卑微、羞愧、害怕或麻木，或者你只是感到愤怒。

如果深入内心，你可能发现你以前有过这种感觉，也许孩童时期经常有这种感觉。

你可能回忆起了人生中其他一些时刻，当时你感到被贬低、被羞辱，不被尊重、被侵犯、被控制，或被当成孩子。

你可能觉得现在是时候说些什么表达你的愤怒了。

如果是这样的话，让自己感受身体里的怒火，甚至报复的冲动。

让自己感受这份怒火的激烈程度，告诉自己"我有权利生气，有权利去感受这种愤怒"。

也许你甚至听到内心有个声音在说："我不想再被这样对待！我再也忍不下去了！我要把我的力量和愤怒传达给所有这样对待我的人。我甚至可以报复这些人，这样他们就永远不会再这样做了！"

让自己感受腹部、胸口或心口的热度。你可能会感觉自己的下巴在用力，也许你会在身体其他地方感受到这股怒火，也许是在手心。

让自己感受这股能量，甚至是做某事的冲动，这是健康的。

让这股能量和感觉在那里存在着，什么也不做。

只是朝体内的这股能量吸气。

让这股能量扩散到你的全身，一直到你的手臂、手掌、腿和脚。

当这样做的时候，留意你的呼吸。

或许，慢慢地，这股能量会平静下来。

你可以拥抱你的怒火，甚至报复的欲望，而不需要采取任何行动。

现在，更深入内心一些，把这股能量从那个触发你的人或事件上移开。

看看你能否感受到这股能量背后的伤害或羞辱。让自己去感受这份伤害，也许你会意识到这些感觉早就存在了，它们来自很久以前的伤痛。

当你把注意力从触发因素上移开并更加深入内心时，也许你也能感受到进入内心的那份庄严，并且为这些感受负起责任。

现在，慢慢地，你可以让注意力回到身体，深呼吸，慢慢地让注意力回到你坐着或躺着的地方。

当你觉得准备好了，你就可以睁开眼睛，回到现实。

爱的密语

只有当你首先相信自己时，你才有可能相信他人。最根本的变化必须在你的内心发生。如果你相信自己，你就能相信我，你就能相信别人，你就能相信存在。但如果你不相信自己，那么你就不可能相信其他存在。

第9章

发展有意识的亲密关系

　　现在我们了解了我们是如何破坏亲密关系的，对亲密关系中的镜子、我们的恐惧和投射的力量也有了一些基本的理解，现在让我们看看能否弄明白如何创造一段美好的亲密之旅。

　　也许没有任何一个话题比亲密关系更令我们痛苦、困惑、矛盾甚至绝望。很多人在努力寻找"合适的"伴侣，但常常会失去希望。有些人发现自己与伴侣或朋友难以和睦相处、维系关系、和谐互动或顺畅沟通，这着实令他们难受，而另一些人则发现自己与相处了一段时间的伴侣或朋友在看待事物的优先级、视野和兴趣方面差异越来越大。

事实是，大多数人是在磕磕绊绊中建立并维系亲密关系的，我们对如何让爱流动以及如何积累安全感和信任知之甚少。人们通常是因为性吸引或传统信仰与价值观走到一起的，不知道真正的亲密关系需要什么。

约翰和比吉特就是这样的一对夫妇，他们在20年前结婚，有3个孩子，过着瑞典上层社会惯常的生活。他们一直争吵，因为比吉特和约翰缺乏更深层次的连接和交流。约翰对他们的性生活感到沮丧，想和别人一起在性方面进行探索。

我们在创造或维系一段亲密关系时所做出的选择和行为往往与大脑中的智慧不一致。

根据我们的经验，发生这种情况有三个原因。

- ★ 我们可能被对方的身体或能量吸引，或者被从小接受的传统价值观蒙蔽和控制。
- ★ 我们可能受到渴望建立连接和需要经济安全的影响。

★ 我们不知道怎样才能长期维系一段亲密关系，也不清楚自己是想要经历一段充满挑战的旅程，建立一段稳定的亲密关系，还是想要在拥有一段亲密关系的同时保留与其他伴侣接触的可能。

我们经常教导别人，浪漫的亲密关系可以分为两种。一种是短期恋情，主要是基于身体和能量方面的吸引，没有深入地思考或理解长期的亲密关系需要什么。第二种是忠诚、亲密、持久的亲密关系。这种关系与第一种大不相同，需要更深层的理解和维系方法。

有意识的亲密关系是一段深刻的情感和心灵之旅。以下是一些可以帮助到你的指南。这些内容基于我们的持续学习，可以帮助我们了解建立深层的亲密关系需要些什么。

个人的充实感。当我们与伴侣互动时，不感到自身有所缺失，也不指望对方来满足自己时，爱就会流动。当我们感到爱很充足时，爱就会流动。也就是说，我们建立亲密关系是为了给予，而不是为了索取，而且我们很清楚，其他人无法保护我们免受痛苦、恐惧、不安全感、空虚感或羞耻感的折磨。

对亲密关系做出承诺。当我们把亲密关系视为一段情感和心灵成长之旅，双方承诺一起踏上这段旅程，并充分意识到这是一次挑战时，爱就会流动。这意味着我们知道自己的羞耻感、恐惧、空虚和痛苦会被触发，而我们愿意深入内心，为安抚这些感觉承担全部责任，而不是一旦得不到想要的就自动、冲动或习惯性地做出反应。这也包括不向对方发泄愤怒，不把断联作为报复，以及不威胁对方分手。

诚实负责。当我们做到对自己的言行诚实负责时，爱就会流动。

关注自己的需要和兴趣。当我们不断关注个人需求，持续追随自己的爱好、兴趣和激情时，爱就会流动。

尊重自己和他人的边界。当我们把亲密关系当作一次机会，即使冒着关系不和谐的风险，也要尊重自己和对方的边界时，爱就会流动。

处理我们的上瘾行为。当我们为自己的上瘾、冷漠、分心行为承担责任，并鼓起勇气面对这些行为背后的痛苦和空虚时，爱就会流动。

挑战我们的防卫和不信任。当我们挑战自己的防卫和不信任，并定期向伴侣和亲密的朋友敞开心扉、展现脆弱的一面时，爱就会流动。

明确地开放或排他。当我们清楚、诚实地了解彼此在性方面想要排他还是开放时，爱就会流动。在性方面开放包括在有亲密关系的前提下与他人做爱、调情、发短信和看情色片。

解决冲突。当我们经常以一种展现脆弱和非暴力的方式解决冲突、误解和不和谐时，爱就会流动。

进入彼此的世界。当我们愿意敞开心扉，进入对方的世界，从对方的视角看待生活时，爱就会流动。这包括愿意挑战我们的信念，以及参与我们通常不会做的活动。

当你更具体地探索这些要点时，问问自己"我维系一段亲密关系的动机是什么"，会很有帮助。

所有这些基本要点都强调了一个选择：是让受伤的自我主导亲密关系，还是努力用智慧维系亲密关系？

随着深入理解，我们会意识到，敞开心扉，踏上这段亲密关系的冒险旅程就像是在走钢索，我们不得不在靠近某人、不可避免地接受挫折和失望，和学会区分、成为独特的个体、鼓舞自己之间找到平衡。

稳定的亲密关系可以帮助我们学会两节重要的课程——接纳失望、学会区分并忠于自己。我们会通过敞开心扉、靠近他人、冒险让他人成为对我们而言很重要的人来做到这两点。

练习 ‹···

问问自己：

1. 我是在寻找一个人来满足我未被满足的需求，还是在自己的生活中感到满足和快乐？

2. 我是否意识到并满足了自己的期望，还是相信他人会满足自己并为此辩护？如果是这样，相信他人会满足自己的结果是什么？

3. 每当期望没有得到满足时，我是否会自动做出反应？如果是这样，它给我的生活和亲密关系带来了什么影响？

4. 我是否清楚我想要的是在性方面排他的亲密关系，还是开放的亲密关系？我和伴侣在这方面的想法一致吗？

5. 在我的亲密关系生活中，我是否做到了诚实负责？如果没有，后果是什么？

6. 我是否尊重自己和他人的边界？如果不是，后果是什么？

7. 我是否会自动地、习惯性地分心和对某事上瘾？如果是这样，这对我的生活和亲密关系有什么影响？

8. 我是否退缩并采取了习惯性的防卫策略？如果是，我采取了哪些防卫策略，以及这对我的亲密关系生活有什么影响？

冥想：想象一段健康长久的亲密关系

（你可以读出并录下这段冥想过程，然后回放给自己听，也可以让朋友读给你听。）

首先找一个安全、舒适、不受打扰的地方坐下或躺下。

慢慢让自己放松下来。

闭上眼睛，让你的注意力和意识慢慢进入你的身体。

越来越深入，越来越放松。

让自己沉浸在深度放松和有意识的状态。

随着身体慢慢放松，保持警醒和意识。

观察呼吸，感受自由的吸入和呼出。

当身体放松下来时，花点儿时间去真实地感受此刻的身体感觉。

在这个安静、放松的空间里，感受它的宽敞，感受你身处在它的中心，感到安适自在。

现在，花点儿时间，想象一下你想在生活中创造什么样的亲密关系，以及你感觉如何。

随着思考的深入，你可以开始问自己，你想在亲密关系中展现什么样的自己？举例来说：

* 致力于内在成长，学习维系有意识亲密关系的工具。

* 彼此分享，展现脆弱的一面。

* 在性方面排他或开放。

* 愿意寻找让身体亲密保持活力并持续滋养自己的方法。

* 愿意以健康的方式解决冲突和分歧，而不是沉迷于戏剧化情节中。

* 对自己的能量负责，不把愤怒发泄到对方身上。

* 对玩耍和冒险感兴趣。

* 拥有满意的工作，并各自拥有发挥创造力、发展爱好和独处的时间。

* 投入健康的生活。

问问你自己，你个人是否承诺：

1. 进入这段关系时，不想要拯救对方或期待对方拯救自己的不安全感和恐惧。

2. 当你没有得到想要或期望的东西时，接受自己的失望和沮丧。

3. 利用这些失望和挫折的时刻，更深入地观察自己的内心，探索过往留下的羞耻和被遗弃的伤口。

4. 学会尊重自己的边界，当别人要求你做一些感觉不可靠的事情时，要忠于自己的内心。

5. 尊重伴侣的边界，不让你的需求或能量侵入对方的世界或侵犯到对方。

6. 不依赖亲密关系来获得幸福，而是在亲密关系之外为自己创造充实的生活。

7. 花时间了解彼此，看看你们是否合得来。

现在，花点儿时间感受一下，你是否准备好了冒险向另一个人更深入地敞开心扉，或者如果你现在已经和某人在一起，你是否准备好更深入地接纳你的伴侣。这可能令人害怕，但没关系，按照你的情况慢慢来。

即便你只是想象向另一个人敞开心扉，或者想象自己很脆弱，你也可能会非常害怕受到伤害或被拒绝。

亲密关系是一段成长和觉醒的旅程，也是一段走向信任的旅程，让眼前的亲密关系带给我们成长每一刻所需的东西。

以成熟的方式接受爱的可能性是迈向丰富、令人满足的生活的重要一步。

现在，你可以让思绪慢慢地回到现实中。

随着你开始把能量带回你的身体，轻轻地活动你的手指和脚趾。

随着能量更多地回到身体里，你可能想做一次深呼吸。

当你准备好了，你就可以睁开眼睛……

现在你回来了，思绪回笼，彻底清醒。

爱的密语

有意识的人做每件事时都是有意识的——谈情说爱、画画、跳舞、泡茶，都是如此。意识支配着你的所有行为，正如无意识支配着你的所有行为一样。你无意识地爱，无意识地恨，无意识地做每件事。恋爱就是一个很好的例子。

人们说他们相爱，但他们并不知道自己在说什么，他们不知道自己爱的是什么。他们爱一辆车，爱一个女人，爱某个牌子的香烟，爱足球比赛。单说爱，很难理解他们指的是什么。

第10章

学会包容的艺术

在接下来的两章中，我们将讨论在进入深度亲密关系的过程中可以学到的两个最重要的经验。

首先是学会包容的艺术。当我们开始掌握包容的技巧，其他技巧就都没那么重要了。

我们通过克制自己的反应，深入观察一靠近某人就会出现的恐惧、失望、被剥夺和沮丧的体验来学会包容。

伊夫林和罗伯特结婚20年了，这些年来他们过得并不开心。伊夫琳坚持说罗伯特已经不是当初她嫁的那个人了。

"曾经，他很关心我、很深情、很贴心，会鼓励我，也很愿意付出，"伊夫琳说道，"现在，他变得疏远、寡言少语而无趣，这让我想起了我痛苦的童年——我的母亲非常冷漠，总是在忙碌，父亲痴迷于工作，从不陪伴我。当我和罗伯特相遇时，我感受到了他在关心我，这给我一种安全感，我以前从未有过这种感觉。但这并没有持续多久。"

在会面中，罗伯特沉默寡言。后来他终于承认："我确实与伊夫林日渐疏远。因为她总是很挑剔，要求很多，很爱生气，而且从来不会感到满意。我从来都不善于分享自己的情绪，每当她问我的感受时，我不知道该说什么。然后她就会攻击我怎么这么不爱沟通。坦率地说，我不知道该怎么办。"

伊夫林觉得罗伯特和她的父母一样忙于工作，不关心她，这给她带来了深深的痛苦。不幸的是，她选择相信罗伯特应该有所不同，而不是深入探究自己的需求没有被满足的根源，这根源来自她的童年。当她踏上内心的旅程时，她可以打开一个内心的空间，在那里她可以感受并深入聆听罗伯特的心声。从那个空间里，她可以感受到罗伯特没有对她做任何事，也没有在伤害她。他只是对任何压力或批评都非常敏感，而且不太能够分享自己的感受和设定边界。

作为一个孩子，我们会很自然地想要并期望照顾我们的人满足我们所有的基本需求——亲近、注意、关心、照顾、接纳、关注、适应我们，支持我们的天赋、个性和生命能量。

这些需求很少能被全部满足，而且很多时候，其中的许多需求都没有被满足。大多数人找到了一些方法来应对这些不满足，那就是接受现实、生活下去，并将失去爱的痛苦掩藏起来。有时我们会意识到这种失去，但大多数情况下，我们会忽视这种痛苦，直到我们开始与某人亲密地交往。

过去这些未被满足的需求通常不会马上浮现出来。当我们相信自己已经找到了人生至爱，再也不会感到孤独甚至害怕时，我们会给对方一个"宽限期"。但随着时间的推移，我们发现伴侣或朋友没有满足我们的需求，就像我们小时候的需求没有被满足一样（尽管我们一开始可能没有意识到这一点）。然后，在不理解对方和不懂得如何做的情况下，我们会自动地用责备、生气、攻击、讨好或关闭心门、退缩和疏远来回应对方。

我们看不清对方的本来面目，因为我们对满足需求的渴望是如此深刻和强烈。如果我们在面对痛苦时不理解对方，也不懂得如何做，那么我们就别无选择，只能自动做出回应。

伊夫林告诉我们："我觉得我必须做出回应，否则什么都不会改变，我不能接受我和罗伯特的生活就这样继续下去。如果不对罗伯特做出回应，如果不试图让他变得更有活力、更健谈、更贴心、更关心，那么生活就是纯粹的痛苦。但事实上，我所有想改变他的尝试都以失败告终。"

让我们从六个基本的认识开始。

★ 当别人没有满足我们的需求时，我们会很自然地感到沮丧，因为当伴侣、朋友、治疗师没有

按照我们期望的方式表现或对待我们时，就会
触及我们内心被放弃、恐惧和羞耻的伤口。

★ 需求没有被满足在任何重要的关系中都是不可
避免的，但它可以以影响最小的方式发生。

★ 尽管这些经历非常痛苦，但它们会帮助我们成
熟和成长。事实上，为了学会包容，我们会靠
近那些会触及我们伤口的人。

★ 包容创造了一个内在的空间，让我们看到对方
的本来面目，而非我们需求的投射。

★ 包容不等于听之任之。听之任之是一种冷漠的
愤怒，表明我们不能接受事物的本来面目，而
且选择紧闭心门。听之任之往往看上去像是在
试图接受现实，但这不是真正的接受。

★ 包容为实用性亲密铺平了道路，在这种亲密关
系中，双方都会认识到亲密关系的优点和缺
点，以及自己和对方的优点和缺点。

当我们因为期望未实现而触发伤口时，我们可以遵
循以下步骤。

第 1 步：识别敏感点和触发因素

每个人在孩童时期缺失的东西不同，所以成年后会在不同的情况下以不同的方式触发伤口。我们称之为"敏感点"。

当敏感点被触及时，我们会感到心烦意乱，因为小时候没有被满足的这个基本需求现在也没有被满足。有时，我们面对的可能只是曾经未被满足需求的阴影，但这足以触动我们内心的伤口，让我们变得不安。

朱莉娅的男朋友詹森情绪低落，甚至向她坦白他有时在想生活到底有什么意义，这令她感到非常生气。詹森的抑郁状态让她想起了她的父亲，她的父亲也很抑郁，从不给她任何指导或激励，在她看来，父亲总是家里的负担。现在，当詹森有类似的态度和行为时，茱莉娅开始质疑这段亲密关系。

在与我们一起工作的过程中，我们鼓励朱莉娅不要批评或试图改变詹森。取而代之，我们引导她让能量回到自身，感受自己的愤怒、沮丧和悲伤，并意识到这一切都源于她的父亲。不要让詹森的行为把她带入同样的低活力状态。她如此生气是因为她让自己和抑郁中的詹森连接在一起，不允许自己保持活力和高能量。朱莉娅会压抑自己不去做喜欢的事，然后就责怪詹森。

通过留心观察在亲密关系中伤口是何时以及如何被触发的，我们会开始更深刻地理解我们把什么带入了亲密关系的体验。我们会开始发现，这些问题是由我们的敏感点，即孩童时期未被满足的需求，而不是由别人的行为所引发。

当一处敏感点被触发时，身处亲密关系中的我们可能立即退缩。当我们对这处敏感点变得熟悉，并能识别触发因素时，我们就能把关注点从对方转移到自己身上，并静静地度过那个时刻。可以预见并确定的是，任何靠近的人都可能触发我们的敏感点。如果没有意识到这一点，那么一旦被触发，我们就会退缩、投射并做出反应。

第 2 步：收回期望

当我们的需求没有得到满足时，我们会感到心烦意乱。这不是问题所在。问题是，我们希望伴侣或朋友变成另一个样子，这样我们就不会感到不安。这种想法会带来无止境的戏剧化情节和痛苦。

当我们不再维护和相信这份期望时，真正的转变就开始发生了。接着，我们可以为内心的不安负责，克制自己不做出反应，学会面对被激起的焦虑、愤怒和失望。

当我们看不到痛苦的意义时，这份痛苦就会无法忍受。当我们认识到这份不安来自曾经未被满足的需求，而且我们可以由此学习、成长成熟时，我们就会认为这种体验拥有巨大的价值。当我们能做到面对艰难的内心感受而不做出反应，并且认识到内心深处有着未被满足的需求时，我们就会开始自我填补。

我们内心发生的这种变化会改变一切。然后我们会逐渐获得踏实的感觉，并开始看到和欣赏另一方原本的样子。

马修和亚历山德拉已经交往三年了。他们常常会触及对方的伤口，当他们同时感到很受伤时，就会争吵。亚历山德拉在孩童时期受到父母的批评和控制，当她展露真实的自我时，就会受到惩罚和评判。在马修的成长过程中，他的父亲不在他身边，母亲患有精神疾病。他母亲的病情表现之一是频繁暴怒和威胁离开，她将马修视为负担。

如今在他们的亲密关系中，马修感觉亚历山德拉不允许自己进入她的生活，也不像自己希望的那样开放和坦诚。亚历山德拉感觉马修在批评自己，而且他希望自己变成另一个模样。他们俩都迷失了，都觉得对方必须改变，自己才能快乐。当他们都意识到被触发的是自己曾经的伤口时，他们开始让注意力回到自身，停止戏剧化的情节，并学会对彼此展现脆弱的一面。

在回归内心的过程中，我们需要对自己，以及对过往和现在因需求没有被满足而体验到的痛苦抱有巨大的同情。

我们要慢慢学会成为一位关心、理解和鼓励自己的家长，一位我们曾经希望拥有的家长。当我们了解这样做的精神与情感意义时，就能控制自己不做出反应，使我们有动力去克制一系列情绪反应，比如指责、攻击、愤怒和退缩。

第3步：包容

当我们感到失落和被抛弃时，包容是学会真正面对自己内心体验的关键一步。它分为两个部分。第一部分是保持专注并意识到正在发生的身体体验。第二部分是观察促使我们做出反应的想法，意识到消极的想法会破坏我们静静感受内心体验的能力和动力。

保持专注并意识到正在发生的身体体验。当有人触及我们的一个敏感点（一个未被满足的需求）、激怒我们时，会立即引起一种身体体验。也许我们会感到胸口闷、发热、身体紧缩、坐立不安，或者太阳神经丛部位的紧绷。我们会感到心烦意乱。

后文即将讨论的消极想法会让我们的注意力偏离这种身体体验，使这种体验变得难以忍受。当我们学会让注意力逐渐回到身体体验上，在不适中轻柔地呼吸，不与它抗争，也不希望它消失时，我们的身体体验就会发生变化，就会产生一种平静放松的感觉。

让我们静静地面对并接纳这种体验，身体感觉会变得柔和。随着时间的推移和耐心的等待，刚开始的焦虑会慢慢消退，我们的神经系统也会平静下来。我们开始注意到自己的内心感到自豪和满足，此时我们已经度过风暴，重新找回了自我。

观察促使我们做出反应的想法。让我们来看一个简单的例子。

最近，洛丽和迈克尔开始了一段新的异地恋，洛丽深爱着迈克尔。他们在加勒比海的一个小岛上度过了美妙的两周假期。他们俩都觉得对方是自己的完美伴侣，是自己一直在寻找的另一半。他们都喜欢冒险、做瑜伽和冥想，而且都全身心地致力于个人成长。假期结束后，他们不得不回到各自的国家工作，他们没有明确计划两人什么时候可以再次相聚。

对洛丽而言，这次分离让她产生了深深的恐

惧，她担心他们之间的连接只是一场梦，她开始变得极其渴望关注，难以得到满足，非常依赖迈克尔，她希望迈克尔每天给她打三次电话，并且要规划好两人如何在一起。洛丽的行为使迈克尔想起了控制欲极强的母亲，于是他疏远了洛丽。迈克尔的疏远让洛丽想起了小时候情绪失常的母亲无法陪伴自己的记忆，她发现自己很难控制内心的恐慌，而且很难不把情绪发泄在迈克尔身上。

在与洛丽一起工作的过程中，我们引导她静静地感受自己的身体体验，同时让她意识到是她的消极想法助长了恐慌，帮助她克制因与迈克尔分离引起的绝望。洛丽的想法包括"我觉得当我这么恐慌的时候他应该陪在我身边。恋爱不就是这样的吗"，"我已经不是我们一起度假时的那个我了。我都不知道那个充满活力、快乐、活泼的自己去哪儿了"，"而且，现在我对我们的关系也没有信心了。也许这只是一场梦"。

我们问她："洛丽，当你带着如此恐慌的心情去联系迈克尔时，你感觉如何？你对自己的感觉如何？"

"我觉得自己像个被宠坏的孩子，而且自尊感比较低。"

"在你过去的恋爱中，这种模式是否造成过灾难性的后果？"

"是的，我不想让他承受这些压力。我知道我必须鼓起勇气独自面对这一切。当我如此偏离内心时，我很难接受。"

"好的，但是现在，你正处于一段困难时期，这时候偏离很正常。首先要接受你很不安的现实，这对你很有帮助。或许你可以把当下看作发展内心力量和内心空间的一个好机会。观察你内心的不信任，并意识到这与迈克尔无关。"

我们越是引导洛丽面对自己的身体体验和消极想法，她就越能让自己冷静下来，并且不对迈克尔做出反应。迈克尔当然很欣赏洛丽发生的变化，并开始更经常地与她敞开心扉交流。

当我们的敏感点被触发，消极的想法会让我们更难控制自己的反应，尤其是当我们完全相信这些想法时。而且，当我们被激怒时，脑海中的消极想法会引发我们做出激烈的反应。

为了让自己意识到这一切，我们可以把那些可能强烈促使我们做出反应的想法写下来，这样做会很有帮助。

以下是一些示例。

★ "太难受了，我受不了这种感觉。"

★ "他/她必须改变，否则我永远不会快乐。"

★ "如果我什么都不做，那么什么都不会改变。"

★ "他/她需要知道我的感受，以及我有多心烦意乱。"

★ "他/她不应该是这样的表现，如果他/她爱我，他/她会改变的。"

★ "他/她不是那个对的人，敞开心扉是愚蠢的。"

如果相信这些想法，那么它们会驱使我们做出反应，以试图改变当下内心的不舒服。这些想法通常是对未来的预测，且与生存本能相关，因此我们受伤的自我会相信是很正常的，意识到这一点会很有帮助。

这些想法可能是习惯性的、自动的，而且往往是无意识的。因此，当我们意识敏锐地识别它们时，我们就不会那么容易受它们驱使，能够退后一步观察它们，并面对与接受恐惧所引发的身体紧张。

我们会产生这些想法是因为我们不相信自己有能力面对心烦意乱的感觉。这是大脑在保护我们。

当我们踏上了包容之旅，我们会自然而然地回归内在的智慧。此时，我们可能对如何应对失落和被抛弃的体验拥有更深刻的看法。

从内在的智慧出发，我们会发现，当我们感到失落或被抛弃时，有三种选择。

★ 我们可以学会接受目前的状况。

★ 我们可以问对方是否愿意一起寻求外界帮助，来让亲密关系的状态变得更好。

★ 我们可以离开这段关系。继续停留在这种情况下，抱怨和责备对方，并不是一个健康的选择。

学习包容需要时间、耐心，需要投入、坚持以及运用整体视角。这是我们学习如何维系亲密关系的最重要的步骤之一。

练习 ❮···

问问自己：

1. 在什么情况下，我最容易被伴侣和朋友激怒？

2. 当这种情况发生时，我通常是如何反应的？

3. 在这些时刻，我的哪些期望没有实现？

4. 我是否相信这个人有责任满足我的这种需求？

5. 如果我不做出反应，让自己感受这种不安，会发生
   什么？我的身体会有什么感觉，大脑里会有什么
   想法？

冥想：练习包容

（你可以读出并录下这段冥想过程，然后回放给自己
听，也可以让朋友读给你听。）

首先找一个安全、舒适、不受打扰的地方坐下或躺下。

慢慢地让自己放松下来。

闭上眼睛，慢慢地让注意力和意识进入身体。

越来越深入，越来越放松。

让自己沉浸在深度放松和有意识的状态。

随着你慢慢放松下来，保持警醒和意识。

观察呼吸，自由地吸入和呼出。

花点儿时间进入你的身体感觉。

在这个安静、放松的空间里，感受它的宽敞，感受你身处在它的中心，感到安适自在。

你可能很熟悉这个自我处于中心的内在空间，当你在大自然中散步时，当你参与一项体育运动时，当你和孩子在一起时，当你沉浸在一项爱好中时，这些活动都会帮助你感受这个空间。

这个空间是你的家，很高兴你可以随时回到这个地方。

当你在生活中感到心烦意乱时，知道自己可以回到这个空间，深呼吸并让内心深处安定下来，会对你非常有帮助。

生活中有很多情况会把你拉离这个中心。

如果你选择与某人建立深入的关系，那么你的情绪会很容易被触发，从而离开这个中心。

如果你觉得被伴侣误解或忽视，你可能被激怒；如果你想让伴侣变得更有趣、更积极或更主动，你可能渴望建立连接或沟通，渴望喜爱、欣赏或接纳；如果你觉得不被尊重、受到了侵犯或伤害，你也可能被激怒。

以上任何一种行为都会令你非常不安。

花点儿时间思考一下最近在生活中出现的触发因素。

让自己重新回到这次或这类事件中。

想象现在它正在发生，你就在那里，触发你的人也在那里。

注意此时的身体感觉。

注意内心的感觉或感受。

注意在这种情况下脑海中出现的任何想法。

注意当这件事正在发生或时常发生时，你是如何反应的。

也许你会生气，并向伴侣表达这种愤怒。

也许你会责怪他/她，或者你会抱怨。

也许你会远离对方，切断联系。

在注意自己的反应时，也让自己去感受引发这种反应的不安。

感受这种不安有多强烈。

还要注意你的反应是多么不假思索和难以控制。

也许你做出这样或这类的反应已经有很长一段时间了，已经熟悉和习惯这种做法。

你甚至可能没有想过，除了这么做你还有别的选择。

你可能认为，如果你不保护自己，糟糕的事情就会发生。

我们曾经依靠这些反应存活下来，现在我们仍然相信我们需要这么做。

花点儿时间去注意那些可能驱使你做出反应的坚定信念。

但实际上，除了做出反应，还有另一种选择。

想象你一边回顾整个情况，一边让注意力回到身体里。

当你再次做出反应时，让自己去感受身体内的变化。

也许你感受到胸口、胃和肩膀都变得僵硬。

也许你感到深深地沮丧和愤怒。

也许你感到恐慌和恐惧。

也许你感到被羞辱和羞耻。

做几次深呼吸，让呼吸深入你内心的不安。

让呼吸轻轻地安抚身体内紧张或不安的地方。

让内心的自己伸展，包围住这些感受和感觉。

当不安开始消退，你可能会平静下来，现在再次观察情况，看看会有怎样的变化。

注意是什么触发了你的情绪，是什么经常会触发你的情绪。

注意它让你感到有多不安。

注意你不假思索做出的难以控制的反应。

注意这种反应是如何使矛盾升级、令情况变得更糟的。

注意你做出反应的冲动有多强烈。

注意当你有意识地选择不做出反应时会发生什么。

让自己感受这些，并控制内心产生的情绪。

即使你感到不安，也要慢慢地回到身体的中心。

即使你感到不安，也要感受回归的自豪。

也许你可以平和地做出承诺：在日常生活中，当你注意到自己变得不安，想要做出反应时，你会练习回归自身，回到这个内在的空间。

想要做出反应的冲动可能非常强烈，在这些时刻，让注意力从伴侣、朋友或同事身上转移需要花些时间。

通过练习，慢慢地你会更容易回归自身。

也许晚些时候，当你平静下来、回归自身时，你可能想要表达些什么。

也许当你平静下来、回归自身时，你可以分享这种情况是如何引发恐惧的，你甚至可以分享你恐惧的是什么。

现在，让思绪慢慢地回到现实中。

随着你开始把能量带回你的身体，轻轻地活动你的手指和脚趾。

随着你的能量更多地回到身体里，你可能想做一次深呼吸，当你准备好了，你就可以睁开眼睛……

现在你回来了，思绪回笼，彻底清醒。

爱的密语

你必须面对你的空虚。

你必须在空虚中活下去，你必须接受它。

你的接受中隐藏着一场巨大的变革，一个伟大的启示。

当你接受了你的孤独、空虚，它的本质就改变了。它变得与它本身相反——它变成了一种丰富、一种满足，洋溢着能量与喜悦。如果这份能量与喜悦激发了你的信任，它就更加有意义；如果让你变得更加友好，那会是重大的改变；如果让你更有爱，那爱就不仅仅是一个词语，而成为你内在的中心。

第11章

成为一个独立的人

　　亲密关系教会我们的另一个重要一课是要成为独立的个体，找到内心的真实，并学会在这种真实中生活。当我们靠近某人时，这会变得特别具有挑战性。

　　我们都非常渴望连接，所以当某个人对我们而言变得越来越重要时，我们会自然而然地开始慢慢调整，将我们的能量与另一个人融合。这个过程中有一部分是自然和美好的。

　　但是，如果我们没有立足于自己的存在，那么我们可能在无意间越来越多地调整自己去适应对方。我们可能改变自己的时间安排、饮食习惯和对事物的看法。我们甚至可能改变穿着打扮和外貌，以迎合对方的喜好，或者我们可能忽视爱好或朋友。我们不再考虑自己的需求、感受和看法，甚至不再知道什么对我们来说是真实的，不再真正相信我们所做的、所感受到的、所说的或所想的都是来自我们自己。慢慢地，或者很快地，我们迷失了自我。

在这种极度妥协的状态下，我们脱离了自我，积极地靠近对方。然后，我们变得很容易因为一些微小的事情而感到烦恼、生气和心烦意乱。这些烦恼会出现是因为我们与内在自我断开了联系，而且常常没有意识到这一点。

这种情况源于我们的童年环境。例如，在成长过程中，我们可能一直被当作幼儿对待，没有获得支持和鼓励，内心被烙上了"自己是个孩子"的感觉。我们带着这种认识长大，于是这种模式就在我们与爱人或朋友的亲密关系中重演。或者，我们可能长期缺乏爱的连接，所以我们如此渴求，不惜放弃自己也要得到它。

以下有几个实例。

在与妻子特雷莎的相处中，彼得就像一个拥有各种权利的孩子，他希望特雷莎照顾他、为他做饭，甚至给他买昂贵的礼物，因为她从父亲那里得到了一大笔遗产。彼得一直说，既然她有钱，她就应该为自己花钱。彼得"赋予"了自己这种权利，而特雷莎就无法自由地付出了。

桑托希和阿南德在一起已经五年了。桑托希最初被阿南德吸引是因为她相信阿南德在灵性上修为很高，是一位能入定很深的冥想者。她觉得自己是灵性探索的初学者，可以从他身上学到很多。现在，五年过去了，她不再那么叹服于阿南德的智慧深度，而是发现他过于自我，且与自己的情绪脱节。在成长过程中，桑托希把她的父亲理想化了，她的父亲是一名成功的商人，但极其以自我为中心，对他眼中的"失败者"很苛刻。桑托希的母亲害怕丈夫，即使在他辱骂自己时也无法反抗。早在阿南德之前，桑托希就一直会被她崇拜的男人吸引，然后她会迷失自我，就像她在父亲面前的表现一样。她在情感上并没有与父亲分离，仍然在寻找能让她爱上的英雄。

最后一个例子是安东尼和他的女朋友玛德琳。

当安东尼没有花足够的时间陪伴玛德琳，当他下班后去健身房而不是马上回家，当他没有在玛德琳感到悲伤或孤独时关心她，当他无法确定他们俩的未来，或者当他没有决定马上要孩子时，玛德琳都会对他发火，而安东尼无法对她设定边界。因为安东尼需要照顾他抑郁的母亲，而且他无法想象自己在玛德琳面前表达需求。当玛德琳提出这些要求，当她不理解自己在工作一整天后需要锻炼身体，当她不理解自己对未来的不确定时，安东尼甚至无法感到生气。他仍然觉得自己对玛德琳的感受负有全部的责任，他无法面对内心的愧疚，甚至无法接受想要伤害她的想法。

许多人在孩童时期都形成了消极的互动模式，这些模式使我们失去了自我边界和自我意识。这种消极的连接甚至可能因为语言上、身体上和性方面的虐待而进一步加强。

因此，我们在很小的时候就失去了内在感知和自信。内在感知和自信需要在我们的小时候得到支持，但那时候我们还没有自我意识，非常容易受到大人言行的影响。

如果我们在压抑、专制、道德主义、有压力的环境中长大，如果照顾我们的人会实施暴力，如果我们对自己应该成为什么样的人有着强烈的期望，如果我们必须对父母中的一方或双方负责，或者如果我们在孩童时期被控制、溺爱和当作幼儿对待，那么我们就会失去内心感知、直觉、智慧的信心与信任。这些经历会令我们感到非常羞耻，使我们产生一种无法控制或掌握自己生活的感觉。

如今，我们可能把自我价值建立在获得爱与认可或者照顾他人的基础上。或者我们会把爱人、朋友或其他权威人物奉为神明，因为我们找不到真实的自己。我们的双眼可能被自己对爱的渴望、内心深处的不安全感、伤害或令某人失望的可怕的罪恶感，以及对永远得不到渴望的爱与安全感的恐惧蒙蔽。我们可能极度不自信，带有不满足感。

除非我们发现并肯定自己的独立性，否则我们很可能变得愤怒、怨恨、抑郁或疲惫不堪。

发现和活出独立自我的过程如下。

★ 我们开始意识到，成长中的消极环境和我们与照顾者的不良关系导致我们远离了内心的真实，并且放弃了独立性。

★ 在如今的生活中，我们开始意识到自己在多大程度上失去了自我，放弃了权力。

★ 我们感觉自己已经准备好面对走向真实自我所带来的恐惧和内疚。

★ 我们开始密切关注自己的身体感觉，并开始相信身体发送给我们的信号。在内心深处，我们知道什么是对的、什么是错的，以前我们只是没有倾听内心的声音。

★ 我们开始通过运动和锻炼核心力量来深入身体。这使我们感受到了内在的结构，当我们能够感受身体并时常调动生命能量时，我们自然会对自己更加有信心。

★ 最后，我们开始学习尊重我们的边界，并且冒险开始过一种更符合内在智慧的生活，让自己变得更真实，并在需要的时候维护边界。

一开始，我们可能不知道自己什么时候是符合内在真实的，什么时候是虚假的。这需要大量的观察、思考和实验。

当我们练习这些步骤时，我们会逐渐感到自己更能掌控自己的生活，变得不那么容易迷失自我或放弃自己的边界。

到某一个时刻，我们会不再愿意继续放弃自己的权力，我们会承诺独立自主，为我们自己的生活负责。我们会开始摒弃孩童时期学到的各种错误想法和信念，远离令我们感到无助、无力和被贬低的环境，开始独立思考。我们的自然智慧会开始苏醒，并且相信自己的价值观和能量。

练 习 ◀···

问问自己：

1. 当我靠近某人的时候，我会失去自我吗？

2. 如果会，那么那些时刻我在想什么？

3. 是什么感觉迫使我失去自我，是内疚、恐惧还是羞耻？

4. 我到底在害怕或内疚什么？

5. 在那一刻，对我而言更真实的是什么？

我要冒什么风险才能重新发现我的真实？

冥想：找回自身力量

（你可以读出并录下这段冥想过程，然后回放给自己听，也可以让朋友读给你听。）

首先找一个安全、舒适、不受打扰的地方坐下或躺下。

慢慢地让自己放松下来。

闭上眼睛，慢慢地让注意力和意识进入身体。

越来越深入，越来越放松。

让自己沉浸在深度放松和有意识的状态。

随着你慢慢放松下来，保持警醒和意识。

观察呼吸，自由地吸入和呼出。

随着你放松下来，花点儿时间去感受你的身体状态。

注意身体的细微感觉，让自己去感受和接受所发现的一切。

轻轻地呼吸，让呼吸进入有感觉的地方。如果你的内心很平静，那就这样静静地呼吸。

如果你注意到内心有些不安，也静静地接受它的存在。

现在，我们将探索当你靠近某人时的内心感受。

想象一个和你亲近的人站在你的面前。

你可以决定这个人站得多近或多远。

当你感觉到他/她的存在时，花点儿时间去感受你内心的感觉。

当你感觉到他/她在你面前时，慢慢地注意你身体的感觉。

你是否注意到内心有不安、焦虑或躁动？或者兴奋和想要靠近？

你是否注意到你变得非常关注他/她，关心他/她的感受、想法或对你的看法？

你开始与自我失去联系了吗？

你的身体有什么感觉？你有没有注意自己在独处时的变化？

你是否注意到你开始很容易地改变自己的行为？

你是否开始怀疑自己，怀疑自己的想法、观点或行为？

你是否开始怀疑自己的感受和需要？

你甚至感觉不到自己了吗？

你是不是在某种程度上把这个人理想化了？和这个人在一起，你是否有时会觉得自己像个孩子？

你是否因为这样做更简单，或者为了避免冲突或害怕对方的反应而放弃了自己的权力？

现在，让我们来探索一下，如果你开始找回自身的力量会是什么感觉。

如果你决定开始尊重自己的感受、需要、精力和喜欢做的事情，你的内心会出现什么样的内疚感或恐惧感呢？

花点儿时间让自己感受这份内疚和恐惧，就好像你正在采取一些方法来尊重自己一样。

也许你也会发现，这种失去自我的倾向始于过往的哪一刻，也许是和父母或兄弟姐妹在一起的时候？

你准备采取哪些小步骤，即使对方在场，来让自己回归自我、与体验相伴？

慢慢地，随着练习，你会更容易感觉自己是一个独立的个体，与对方不同。

也许晚些时候，当你回归自身，你可能想向对方表达一些什么来展示自己。

现在，你可以让思绪慢慢地回到现实中。

随着你开始把能量带回身体，轻轻地活动你的手指和脚趾。

随着你的能量更多地回到身体里，你可能想做一次深呼吸，当你准备好了，你就可以睁开眼睛……

现在你回来了，思绪回笼，彻底清醒。

爱的密语

你无法相信有人会爱你。当你无法爱自己，当你没有好好看过自己，没有看到自己的美丽、优雅和伟大时，即使别人对你说"你好美，我看到你深邃的眼神，无比优雅，我看到你的内心节奏与宇宙相融合"，你怎么会相信？

你无法相信这一切，这份赞美太多了。你习惯了被谴责、被惩罚、被拒绝，你习惯了自己原本的样子不被接受——这对你来说太过寻常。

爱会对你产生巨大的影响，因为在你能够接受他人的爱之前，你必须经历一次巨大的转变。首先，你必须毫不愧疚地接纳自己。

第12章

学会展现脆弱

随着我们更加深入创造和维系爱的旅程，我们需要获得另一个基本的理解工具，那就是能够分辨两种截然不同的状态——保护自己和展现脆弱。

许多人可能认为展现脆弱意味着哭泣，而且基本上是为自己感到难过。实际上远非如此。展现脆弱只是意味着有勇气做真实的自己，不戴面具，不做伪装，也不扮演任何角色。感受并展露内心真实的感受，无论内心是感到不安全、恐惧、受伤还是兴奋。这意味着你要有勇气展现真实的自己。

在许多长期的亲密关系中，人们常常会退缩，开始自动防御，于是亲密关系要么变得充满冲突，要么变得疏远。这样，爱流就中断了。

大多数人从未学过如何展现脆弱。在一段亲密关系刚开始时，我们可能维持一定的脆弱感，因为那时我们的伤口还没有被触发。但随着时间的推移，当伤口被触发时，我们就会自动地、无意识地退缩并开始防御。

保持防御远比挑战自己的不信任和情绪盔甲、学会在恐惧中再次敞开心扉容易得多。

因此，至关重要的是，我们要学会如何从保护自己过渡到展现脆弱，并学会区分二者。

很多时候，尤其是在一段亲密关系刚开始时，我们会对彼此敞开心扉，并且喜欢分享自己的想法，如果亲密关系很浪漫，就会进行开放而充满活力的性交往。

然而，这种开放状态很少会持续下去，因为当我们被对方触发时，我们会退缩，采取保护自己的策略，而且我们缺少深入交往所需的工具。

彼得和安娜19年前走到了一起，头两年一切都很顺利。他们沉浸在热恋中，享受着充满活力而频繁的性生活，还经常和朋友一起度假和聚会。然而，随着岁月的流逝，他们有了孩子，两人之间关系发生了巨大的变化。他们都有自己的事业，分开的时间越来越长，当在一起时，他们又会为财务和孩子而争吵，他们的性生活也逐渐消失了。

彼得和安娜从未学习过内在转化和沟通的方式。他们一直忙忙碌碌，操心着各种事务。但是，他们关注的都是外部生活，渐渐地与内在自我脱节了。他们没有能力交流彼此的内心体验，因为他们没有意识到内心的变化，也不知道如何以健康的方式解决冲突。他们不知道如何在对方或自己面前展现脆弱。而且，他们的生活中没有能够很好地处理脆弱和深层亲密关系的榜样。

改变的第一步是认识到我们的防卫策略和态度是多么自动自发和具有习惯性、强迫性。

随着两个人在一起的时间越来越长，"默认型防御"的情形迟早会发生——这个把我们与对方隔离开来的策略会令我们感到熟悉和安全。

我们可能忙碌地工作、看电视或情色作品，用酒精等让自己保持麻木和抽离，强迫性地讨好他人和妥协，变得易怒或好斗，固执于信念、原则和心智模式，或者退回到自己的世界。

当伤口被触发时，我们也可能进入防御状态。只要感到受伤、失望，或没有像我们希望的那样受到尊重或关心，我们就会做出反应。我们称之为"反应型防御"，因为它们通常是对某些事件的冲动、情绪化的反应。这些事件可能是真实，也可能是想象的，但都令人感到不被爱、不被尊重或不安全。

我们可能变得冷漠、愤怒，或者表面上"正常"相处，但在内心深处开始封闭和保护自己。当我们觉得我们的不信任是合理的，并将对方视为敌人时，这些反应就会长期存在。

最近，在一个讲习班上，参与者安德烈娅分享说，她经常攻击丈夫路易斯，她认为两人的关系已经变味了。因为路易斯也参加了讲习班，所以我们邀请他们坐在彼此的面前。

安德烈娅毫不犹豫地攻击了路易斯，她对路易斯说："和你在一起我没有安全感。你不知道如何去爱一个女人，你也完全不知道如何去爱我！"

路易斯回答道："事实上，是你让我缺乏安全感。我真的在努力靠近你，但我所做的一切都无法令你满足。每当你分享自己的感受时，你都说我没有好好听你说话，或者我的回应方式不对。你认为我永远不够体贴。我已经不知道怎样才能令你高兴了。"

"安德烈娅，"我们建议道，"让我们看看你能否把注意力从路易斯身上移开，别再责怪他，进入你自己的内心。看看你能否让自己感受这种情况带给你的痛苦和伤害。"

她花了一些时间去静静地感受，然后哭了出来，并说道："实际上，我明白我攻击你是因为我非常没有安全感，我觉得自己不值得被爱，而且我觉得最终你会离开我。"

当安德烈娅把这些告诉对方并静静地感受自己的痛苦时，路易斯走近她，然后问自己是否可以拥抱她。"这就是我需要的，"路易斯说道，"我知道你有多不安，我也是，当你承认这一点时，我就更爱你了。我一直在等你感受并与我分享你的感受。"

许多人确信展现脆弱是不安全的，他们可能非常骄傲，强烈地认为展现脆弱是软弱的表现。

在孩童时期，我们在家里或学校里展现脆弱时，可能受到过深深的伤害和不恰当的对待，所以很自然地，我们认为再次敞开心扉是不安全的。

展现脆弱意味着要感受和暴露我们内心的伤口、困惑、疑问、痛苦、恐惧和不安全感。当我们感到受伤、失望、不被爱或不被尊重时，我们觉得完全有理由封闭自己。我们会责怪对方或抱怨对方不够开放、体贴、有活力、尊重自己，或者没有成熟到足以让我们展现脆弱。这就是我们对自己的保护。

从保护自己过渡到展现脆弱需要理解和勇气。因为我们更熟悉保护自己的做法，需要有意识地选择展现脆弱。

为了探索我们的脆弱，我们需要意识到，如果不敞开心扉，爱是无法流动的，我们会不断地把对方推开。

以下是从保护自己过渡到展现脆弱时可以运用的一些方法。

认识到保护自己和展现脆弱之间的区别

我们越能深入体会身体的内在感觉,就越容易察觉这两种状态之间的区别。保护自己时的感觉是紧绷的、僵硬的、收紧的、理性的、冷淡的和与外界分离的,你也可能感到消沉、逆来顺受、精力不足、冷漠、易怒或生气。

当我们感到心烦意乱时,我们可能注意到自己开始生气,心情变得紧张,内心有一种无意义或绝望的感觉,感到不安或与外界分离。这些都是防御的迹象。在这些时刻,我们可能会很快进入攻击、退缩、分心的状态,开始借助某种成瘾物或自动自发地做出反应。

展现脆弱会令我们感觉更柔软、更真诚、更友善,但也可能令人感到非常痛苦、恐惧和不安全,尤其是在刚开始时。如果我们静静地面对不安的感觉,不与之抗争,就会自然而然地展现脆弱。接受脆弱虽然常常令人感到害怕和陌生,但能带来能量和活力,而保护自己的状态则是停滞和死气沉沉的。

当我们允许自己接纳这种心烦意乱的感觉,我们的呼吸最终会变得放松、舒适和平稳,胸口和腹部会变得柔软而舒展，思维也会变得更为平缓，我们可能不再感到不堪重负、匆忙或混乱，内心升起一种幸福和安宁的感觉。

当我们认识到这两种状态之间的区别时，就有能力做出选择了。我们会知道自己何时陷入了默认型防御或反应型防御。反应型防御通常更极端，因此更容易识别。而默认型防御可能因为如此的自动自发和熟悉，以至于我们过去不知道自己处于保护状态。但现在我们感受到了封闭和打开的感觉，知道了封闭的代价和打开的好处，我们可以选择。

探索封闭的过往

孩童时期的我们是开放的、天真的，容易信任他人。但随着时间的推移，我们会改变，因为我们经历了数不清的不被尊重、不被爱，以及他人的侵扰、施压与期望。

在回顾自己封闭的过往时，我们也许能够发现曾经在某个时刻对自己说过："打开和分享自己的感受是不安全的。我得到的反馈不太好，所以以后最好把感觉藏在心里，闭上嘴，继续过我的生活。"

我们每个人都有封闭的过往，这对了解自我和亲密关系都很重要，我们最好尽力去探索它。当我们观察自己封闭的过往时，也会认识到自己是如何建立防御机制的。

注意触发因素以及它们是如何导致封闭的

要注意到我们何时会被触发，最好的方法是感受我们内心被激起的不安、恼怒、愤怒和伤痛。

我们通常会逃避这些心烦意乱的感觉，因为我们从未学会静静地面对，所以更倾向于摆脱它们。然而，允许这些感觉存在并静静地面对它们是通往展现脆弱的关键路径。在过渡到展现脆弱的阶段，我们可以只关注身体的感觉。

过段时间，我们可以反思是什么触发了自我封闭并做出反应，或许能联系到一些早期的经历。

一旦我们理解了是什么触发了我们，以及它与过往伤痛的关系，我们就会更容易辨认自己何时再次被激起情绪并开始保护自己。

意识到受冲击的状态

当我们面对脆弱时，受冲击的状态也很值得关注。这里有一个例子。

最近，我们和西蒙一起工作，他告诉我们，他很痛苦，因为当他和伴侣琳达在一起时，他无法感受内心或表达自己，因此他会保持沉默。这种态度非常刺激琳达，于是她会强迫西蒙说些什么。琳达说，当西蒙什么也不说时，她觉得自己被他拒之于门外，被抛弃了。琳达感觉他们之间的关系必须改变。西蒙也觉得这种情况令他无法忍受，因为他时常被批评，而且承受着必须改变的压力，所以他经常考虑是否要结束这段关系。（这是一场两个伤口的碰撞——西蒙的受冲击和琳达的被抛弃。）

"试试不一样的方法吧。"我们建议道。

"琳达，你看这么说如何，'西蒙，我知道你的沉默触碰到了我被抛弃的伤口，那是我需要面对的。我不想给你压力，但我想和你沟通。你能帮我理解为什么我们在一起时你总是沉默吗？我真的很想知道你的想法'。"

西蒙犹豫了一会儿，可能是因为每当琳达问他什么问题时，他都会习惯性地沉默。在似乎过了很久之后（实际上没有那么久），他说："琳达，我不知道该说什么。我知道你想让我表达我的感受，多和你交流，但我不知道怎么形容我的感受。我真的不知道。我感觉自己心里空荡荡的，而且我知道你并不想听到这些。"

"是的，"琳达说道，"我很想听你多说一些什么，但你这样说至少说明了一些问题。当你什么也不说，只是静静地坐在那里时，我完全不知道你是什么状态，也不知道你在想些什么。然后我会很害怕，因为我感受不到你，所以我开始给你压力。现在我知道了给你压力会触碰到你的伤口，让你变得更加沉默。当你告诉我这些时，至少我觉得和你有某种联系，我能感觉到你在展现自己脆弱的一面，并尽力向我敞开心扉。"

"西蒙，"我们问道，"那你的感受呢？"

"听到你这么说我很开心。我知道我说得不多，但至少我可以说点儿什么了。当我不知道自己的感受、无法表达自己时，我常常感到很无助。"

"西蒙，你从小就承受着要变得更好、做得更好的压力，难怪任何一种压力，无论是真实存在的还是你感知到的，都会让你完全封闭自己。意识到这种冲击的存在，并且知道它对你的影响有多严重是你跨出的重要一步。当我们受到冲击时，甚至很难清晰地思考，更不用说去感受或说些什么了。"

在展现脆弱时分享自己的想法

当我们明白那些保护自己的反应都源于自身的伤口时，我们就可以再次走到一起分享内心的感受。但为了实现这种脆弱状态下的分享，我们需要静静体验内心的感受，分享自己的伤痛、不安全感或恐惧，而不去责怪或指责对方。

静静地体验内心的感受是我们在意识层面跨出的一大步。我们通常知道自己是否在展现脆弱，因为当我们在展现脆弱时，对方很可能觉得和我们更亲近。如果对方疏远或防备我们，那可能意味着我们仍然处于责备对方、保护自己的状态。

当我们能够以前述方式体验内心的感受，肯定和接受我们的发现，不去评判它或试图以任何方式改变现状时，我们就能展现脆弱。这种接受会立刻令我们放松下来，也会让其他人更容易亲近我们。

练习 ❮⋯

在这项练习中，你可以遵循以下步骤，来应对最近出现的一个触发因素。

1. 我如何注意到保护自己和展现脆弱的状态之间的区别？

2. 什么样的情况经常令我封闭自己？

3. 这些情况如何帮助我意识到自己过去有一些未被满足的需求？

4. 在与对方分享我的感受之前，我是否需要花时间来疗愈我的伤口、不安全感和痛苦，并静静地体会这些感受？

5. 当你的伤口被触发时，你可以尝试这样做：去深入感受被激起的愤怒、受伤、悲伤、困惑、空虚或绝望。

爱的密语

这是朋友、恋人间的冲突之一：没有人愿意放下自己的防备，没有人愿意完全赤裸、真诚、开放，但双方都渴望亲密。

第13章

我们为什么停止联系和交流

一对夫妇来到我们这里求助，他们正处于离婚的边缘，想知道我们能否帮他们挽救婚姻。这位名叫索尼娅的女士抱怨说，她的丈夫安德鲁从来不想和她待在一起。安德鲁表示反对，坚持说他花了很多时间和她在一起，但他也想和朋友们在一起。

"每当你和我在一起时，你都说你很无聊，你只想离开。"索尼娅说道。

"不是这样的。但确实，我很享受和朋友们在一起的时光，每次我单独去做什么事的时候，你总是会反对。我无法忍受你对我的控制，这会让我远离你。"

他们俩的对话继续了一会儿。

最后，我们说："看起来最基本的问题可能是你们对亲密关系、如何理解自己和伴侣的感受、如何沟通都缺乏更深层次的理解。这样，你们在一起时当然会很无聊。"

保持爱的活力意味着保持重要的联系，即我们和伴侣或朋友之间的爱流。已经在一起一段时间的情侣或朋友往往缺失这种练习。一开始它可能存在，但随着时间的推移，它会消退。我们可能变得疏远而孤立，让自己躲藏在工作、娱乐、爱好、互联网和其他事情中。

发生这种情况的原因如下。

★ 一方或双方开始把对方的存在视为理所当然，而自己的时间可能被生活琐事占据，比如工作、财务整理、照顾孩子、参与其他活动等。

★ 一方或双方缺少保持联系和交流的工具，甚至缺乏这样做的意愿。

★ 当双方交流时，他们的状态可能不成熟，会责怪对方，想要改变对方。在这种状态下，他们实际上对对方不感兴趣，也没有去感受对方，而是更关注自己的恐惧、需求和感受。

★ 可能存在一些未解决的情绪问题，造成双方疏远和心存怨恨。

★ 一方或双方的生活可能令他们感到不堪重负、无暇分身，无法或不愿意让对方进入自己的生活。

让我们更详细地讨论一下其中的一些要点。

把对方的存在视为理所当然

最初，吸引和性的能量可能是双方联系和交流的基础。但当我们进入一段长期关系时，保持联系和共同成长就变得更加困难，需要双方的意愿和运用一些方法。

此外，工作、孩子和经济问题相当耗费时间，可能占据我们的注意力，导致我们没有时间经营亲密关系。我们甚至会喜欢这些干扰，因为对我们而言，相比努力探索内心、掌握亲密关系的工具、直面敞开心扉的恐惧，沉浸在这些事务中更容易，令我们更自在。

　　最近在一场研讨会上，卡罗琳与大家分享了她的感受。她说，在她看来，自己与结婚15年的丈夫（也在场）之间的亲密关系已经失去了光彩。

　　"我觉得很无聊。我对做爱失去了兴趣，而且我开始和另一个男人交往。我非常内疚，因为我们有三个孩子，我不想毁掉我们的家庭，但我不能再这样生活下去了。我的内心饱受煎熬。但我爱我的丈夫，我不想失去他。"

　　"你们的关系一直都是这样吗？"我们问道，"还是发生过什么变化？"

　　"我们不做任何交流或分享。下班回家后，他要不看电视、出去打网球、和朋友在一起，要不就总是在玩手机。刚开始不是这样的。我们常常交谈、做爱，我们都觉得找到了完美的爱情，创造了完美的家庭。现在一切都变了。我们认为彼此的存在是理所当然，我们之间没有了激情、成长和活力。当我提出要不要一起去接受婚姻咨询，他说他对那些事不感兴趣，说那是浪费时间。"

这对夫妻走上了许多伴侣必经的道路。当他们习惯了共同生活，就不再深入下去，不再各自或者共同成长，自然而然地，两人之间的亲密关系就会变得无聊、死气沉沉。因为生活中没有什么是一成不变的，如果两个人都不冒险更深入地敞开心扉，那么最终两人之间的联系就会断开，就像植物没有水会枯萎一样。

直面我们对联系和交流的抗拒

进行深层联系意味着向彼此和自己展示内心。这意味着我们在情感上是开放透明的，而且愿意和对方持续分享我们的快乐、恐惧和不安全感，也愿意探索自己内心世界的方方面面，包括受到鼓舞或被打击的时刻，对失败、被抛弃、评判或批评的恐惧，以及我们的兴趣和激情所在。

也许最困难的是分享我们评判甚至厌恶自己的那部分。进行深层联系还意味着即使我们不知道该说什么或感受如何，也愿意同对方分享。当然，有一些人可能天生不爱说话，比较内向。还有一些人与自己的情绪脱节。如果我们和一个无法坦率分享自己感受的人在一起，我们也需要接受他/她原本的样子，就像我们在沟通上有困难时也必须接受自己一样。

可能有一些更深层次的原因导致我们回避交流。也许是我们观察到父母把一切想法都藏在心里，这在很大程度上影响了我们；也许是有人告诉我们分享内心的感受或感到恐惧、羞耻是软弱的表现。

在我（克里希）的童年生活中，分享情绪甚至拥有情绪都不被支持、接受和认可。我很早就学会了不去表达自己的情感。我一直没有学习过如何关注自己的感受，当我试图分享一些令我感到苦恼的事情时，我得到的往往是冷冰冰的建议。

因为童年的经历，我闭口不言自己的感受。我不仅不再与他人分享，还脱离并压抑这些感受。我不仅需要有人倾听和了解我的内心体验，而且还需要他人帮助我学会如何理解我的情感。

如今，我们可能抗拒敞开心扉和分享内心的感受，因为我们不相信有人会关心或理解我们，或者不相信自己会获得支持和爱。更糟糕的是，我们可能已经封闭了自己的情感世界，把所有注意力都放在生活中实用的、有形的、不脆弱的方面。

性能量是个例外。我们可能能够分享这个话题，因为在做爱时不一定要触及自己脆弱的一面。

最近，我们为一对夫妇提供帮助，他们参与了"塞多纳体验"，每天进行密集的静修和讨论。这位名叫桑德拉的女士很不开心，因为她和伴侣查尔斯缺乏联系和交流。她说，查尔斯常常消失，沉浸在自己的世界里，即便他们彼此交谈，她也觉得查尔斯从未真正向她展示过更深层的自我。

在我们探索具体情况的过程中，查尔斯告诉我们，他害怕暴露自己，因为他觉得自己根本不讨人喜欢，而且他认为自己不是一个真正的男人。谈论自己和自己的感受会令他更加缺乏自信。所以很自然的是，当桑德拉强迫查尔斯分享自己的感受，或批评他不够敞开心扉时，他的羞耻感会激起内心的愤怒，令他更加远离桑德拉。

我们可能强烈地抗拒交流，因为：

* 我们害怕如果分享自己，对方会批评、评判、误解自己，或者会给予自己建议、试图改变自己，或摆出高高在上的态度来指导自己。
* 我们害怕伴侣或朋友可能做些什么，但并不真正地对我们的感受或体验感兴趣。
* 我们不知道自己感受和体验到了什么，我们一直没有关注自己内心的感受。
* 我们对自己做过的、感到非常内疚的事情严格保密，害怕与对方分享这些事情。

　　我们曾为罗纳德解决困惑，每当罗纳德的妻子琳达问他状态怎么样或感觉如何时，他总会感觉很不舒服。

　　"当她问我这个问题时，我会想起我的妈妈。我妈妈总是会问我一些事情，但我只想远离她。她的控制欲极强，令我感到窒息。啊！所以现在每当有人，尤其是琳达，问我怎么样或感觉如何，对我过度担心，甚至问我有什么计划时，我只想把她推开，然后消失。然后琳达会抱怨我从不分享自己的想法和感受。但我就是不想分享！"

这是个很好的例子，表明我们习惯于隐藏自己。罗纳德如果要再次敞开心扉，他就需要明白自己抗拒的源头，并且需要对方接受和理解他为什么一直隐藏自己。

谁想要联系，谁在交流

下一章将讲授联系和交流的具体工具，在此之前，让我们来探索一下是我们的哪一部分想要联系和交流。

联系和交流的愿望来自我们成熟的意识状态，还是不成熟的意识状态？

在不成熟的状态下，当我们错过对方的联系或分享时，我们会感到沮丧和失望，并带着期望和愤怒去找对方。或者我们可能习惯于保持距离，没有意识到这其实是因为那些未被处理的伤口，我们让自己保持忙碌或暂缓联系来回避这一点。

在不成熟的状态下，我们的内心会充满恐惧和渴望，我们会害怕被拒绝、被忽视、被羞辱、不被尊重、迷失自我，或者感到空虚，想要获得满足。在这种状态下，我们很容易变得嫉妒、敏感、在情感上难以满足，以及深信从我们内心投射给对方的期望。我们可能变得愤怒、充满报复心，或者通过切断联系和保持沉默来惩罚对方。

在这种不成熟的状态下，我们想要联系和交流，是因为我们在无意识中想要无条件地被爱、被认可、被欣赏、被理解、被支持，或者让焦虑感和羞耻感得到缓解。在这种情况下，我们的分享更多关于自己，而不是对方。我们寄希望于对方来让我们感觉更好。

在这种状态下，我们可能把内心的愿望伪装成一个个问题。例如，我们可能说，"你为什么要这样做"或"你为什么不告诉我你的想法"，而我们真正的意思是"你不愿意把自己的想法告诉我，我很生气、很受伤、很伤心"。有时这些话听起来没错，但我们实际上向对方传递了内心的失望或愤怒，还有隐隐的敌意。

当我们不愿意展现自己的脆弱时，我们的分享往往会被对方排斥或拒绝。这样一来，两人之间的联系就更少了，这是令人非常痛苦的。

卡尔文和露丝来向我们求助，因为他们一直在争吵。

"我很生气，也很沮丧，"卡尔文说，"因为露丝从来不表露自己的情感，我觉得我无法和她建立联系。"

"他要求我亲密地分享我的感受，这让我感到不舒服，"露丝回答说，"我真的不知道为什么。他说的话听起来很对。他非常清楚地表达了自己的需求和不满，但我感觉他的话语背后隐藏着一股提出要求和认为自己拥有某种权利的能量，这股能量把我推开了。"

当我们挖掘出了这一点，就能够更深入地了解他们俩。卡尔文没能与露丝建立更深层的联系，这令他感到绝望，他也明白自己是如何用漂亮的语言掩饰内心的渴望，但提出要求的能量还是流露了出来。露丝原本应该信任自己的感受，但她陷入了羞耻和震惊中，因为她觉得没有对卡尔文更加敞开心扉是自己做错了，为此感到内疚。

我们引导他们更加深入体会自己的感受，这样卡尔文就可以展现自己的脆弱，表达他对联系的渴望，露丝就能感受到他的内心世界，就能敞开心扉。当露丝没有感受到来自卡尔文的压力时，她开始感觉到自己也渴望联系。

当我们在成熟的意识状态下进行交流和联系时，情况会完全不同。在这种状态下，我们会看清并感受到对方是一个独立的个体，他/她与我们不同，有自己的热情所在、需求、恐惧和不安全感。我们能感受到他/她在联系或缺乏联系时内心的艰难或绝望。

成熟状态的基本品质之一是能够倾听和感受我们的朋友或伴侣，这可能具有一定的挑战性。许多人在孩童时期没有体验过真正的被倾听或被感受。因为没有形成倾听的习惯，也没有被倾听的经验，所以我们学会了不去倾听。

倾听意味着要从内心而不是仅从理智上接受对方。

★ 我们要有意识地在内心创造一个空间，在这个空间里，我们真的对对方的体验感兴趣。

★ 我们要学会克制自己的需求，克制我们控制、改变、修正、分析、批评伴侣或朋友的冲动，因为我们会意识到，满足自己对联系的渴望不是对方的责任。

★ 当处于不成熟的状态时，我们要意识到这一点，并且要明白这会如何影响伴侣或朋友。

当我们为内心的痛苦承担责任时，就为彼此的联系铺平了道路，奠定了基础。我们为联系创造了一个安全地带。然后，联系和交流不仅会成为可能，还将引领我们建立更深层的亲密关系。

从最初的互相吸引到建立和保持亲密的联系与交流，对任何亲密关系而言都是跨过了巨大的一步。

我们需要学习如何去做。

练习 ◂···

问问自己：

1. 在我的亲密关系中，我是否认为伴侣的存在是理所当然的，而不是珍惜每一天的联系？

2. 我抗拒分享自己内心的什么，是不安全感、无力感、害怕暴露自己、被评判、不被倾听、不被认可或被给予建议吗？

3. 当我和伴侣或亲密的朋友分享自己的想法或感受时，我的动机是改变、责备、批评、评判或分析对方，还是愿意展现脆弱并谈论自己？

爱的密语

我正在推广一种全新的愿景，即男人和女人身处在深厚的友谊中，在一种充满爱、深沉的亲密关系中，作为一个有机的整体，可以随时实现自己的目标。因为这个目标不在外部，它就像龙卷风的中心，存在于你内心的最深处。只有当你是完整的，你才能找到它，如果没有对方的反馈，你很难变得完整。

男人和女人是一个整体的两个部分。

所以与其浪费时间争吵，不如试着去理解对方。试着设身处地为他人着想；女人试着用男人的眼光看问题，男人试着用女人的眼光看问题。四只眼睛总比两只眼睛更好——你能看到全貌，能看到全部的方向。

第14章

彼此分享

我们会教授伴侣或朋友彼此分享的三种方式。

第一种是分享共同的兴趣、愿景和活动，保持积极热情的联系；第二种是分享自己的感受；第三种是解决冲突、误解和疏离。

我们把最后一种分享称为"修复之路"，我们将在下一章详细介绍这个过程。

分享共同的兴趣、愿景和活动，保持积极热情的联系

第一种分享包括分享共同的兴趣、冒险经历和活

动，这种分享暗含一种非语言的联系和爱。对于伴侣和朋友来说，这种联系方式简单而美好，尤其是当口头分享自己的情绪体验会令一方或双方感到不自在时。在某些关系中，这可能是双方保持联系的唯一方式。

托尼和朱莉娅已经在一起30多年了。他们俩都不太了解自己的情绪，也无法自在地面对情绪。他们在孩童时期没有目睹或学习过情绪分享，在他们的生活中，面对自己和对方的情绪从来都不是最重要的事。托尼是一名忙碌的医生，朱莉娅是一名律师。但他们深爱着彼此，两人有许多共同的兴趣爱好。他们经常一起积极参与当地的政治、娱乐、旅行、语言学习和文化活动，还会一起骑自行车或在大自然中散步。

虽然他们没有用语言表达过，但双方都知道对方完全投入和滋养着这段关系，他们对彼此的陪伴感到满意。尽管他们不会用语言表达自己的感受，但由于他们深爱着彼此，所以在情感上一直连接在一起。在托尼的上一段婚姻中，他的前妻希望他更敞开心扉地说出自己的感受，但这种期待只令他感到压力倍增和困惑。他不喜欢用语言表达，现在也不喜欢。朱莉娅也是如此。

然而，当一方或双方遇到危机时，比如健康、财务、孩子的问题，或者存在未解决的情感冲突时，这种非语言的分享就会受到挑战。双方就需要通过互相理解和运用一些工具来处理这些问题。为此，双方都需要学习如何交流彼此的感受和保持情感连接，否则两人的关系就会受到影响。

有时，危机可能成为情感加深的契机，双方可能发现自己内心深处被压抑和忽视的感受，就像下面的例子一样。

几年前，贝蒂来找我们，她说不确定自己是否应该和结婚22年的丈夫萨姆继续做夫妻。他们从来没有过真正的情感交流，贝蒂感到非常绝望。我们对她的痛苦深表同情，在治疗过程中，贝蒂踏上了一段属于自己的旅程，去发现和感受自己被压抑的更深层的痛苦。

两年后，贝蒂和萨姆一起来找我们。一切都改变了。现在他们经常分享彼此的想法，他们的爱一直延续更新，在一起时也充满乐趣，他们再次感激生活中拥有彼此。

"发生了什么？"我们问道。

"我患上了癌症，"贝蒂说，"我意识到我是多么需要他。当我把自己的感受告诉他后，他敞开了心扉。在我的治疗过程中，他一直都陪在我身边，我意识到他一直都是我的唯一。"

"萨姆，你有什么改变？"克里希问道。

"过去，我总是觉得自己不够好。贝蒂告诉我要分享自己的想法，她因为我没有敞开心扉而生气。但我只感到羞耻，不知道该如何回应。我不相信她爱我，因为我感觉我对她来说永远不够好。当她告诉我她需要我时，我的想法完全改变了。这就是我想要听到的。"

萨姆从未学会如何分享，因为他不了解自己的情感。他是一名科学家，在他工作的世界里，只有理性和逻辑才是有价值的。而且，在孩童时期，萨姆的家人都不分享自己的感受。萨姆对贝蒂的爱从未消失，他只是不知道如何理解自己的感情。他一直渴望向贝蒂表达自己的爱，但因为觉得自己不够好，所以他闭口不言。他也逐渐了解，自己需要学习运用更多的方法来分享自己的想法。

分享自己的感受

当伴侣或朋友能够并且有兴趣把自己的感受告诉对方时，双方的情感会更加深厚。但要做到这一点，两人都需要具备一定的情感素养。在此需要澄清的是，我们讨论的并非是在一方或双方的情绪被另一方触发、感到心烦意乱时的分享。我们所指的这种分享更具挑战性，因为它需要投入不同的理解、运用不同技巧。

我们将探讨学会与对方分享不同的经历和人际互动是如何影响我们的，以及由此产生的感受。因为许多人缺乏安全感、不习惯也不愿意分享自己的感受，而且有一些人不善于察言观色，因此创造一个令人感到安全、温馨的氛围是很有帮助的。

理查德和珍妮弗来找我们，因为他们注意到，在20年的婚姻中，他们已经变得非常疏远，继续这样下去对他们两人来说都太痛苦了。在理查德的原生家庭中，没有人分享自己的情感，他的父母教导他，当他感到心烦意乱时，解决方法就是把生活如常过下去。结果，理查德慢慢习惯用各种各样的消遣来麻痹自己。如今，他在一个理性而务实的世界里表现得很好，在工作上取得了成功，但必须承认的是，他无法自在地面对任何一种感情。

理查德的妻子珍妮弗则完全相反。她会有很大的情绪波动，对于理查德无法分享自己的感受，也无法理解她的感受，她感到非常沮丧。当珍妮弗带有指责意味地问理查德的感受时，理查德远离了她，因为他感受到了压力和批评。他们俩甚至不再讨论现实问题，开始越来越疏远彼此。

我们通过几种方式帮助理查德更加熟悉和适应自己的情感，稍后我们将对这几种方式进行探讨。他发现了自己在孩童时期是如何封闭自己的感受的，以及由于忽视情感、缺少内心的协调、缺乏对自己感受的支持，他现在变得多么冷漠。理查德开始更加理解和同情自己为何变得如此麻木。

他也意识到他对分享感到羞耻，因为他觉得自己不够好，认为自己是"一个没有感情的人"。他意识到，曾经被他忽略的生活小事，尤其是和珍妮弗在一起时发生的事情，实际上是一个很好的机会，可以探索他的愤怒或悲伤等感受。慢慢地，他发现谈论自己和新近感受到的情绪变得更容易了。

我们帮助珍妮弗去感受理查德内心的震惊和麻木，以及理解他为什么很难谈论自己。如果珍妮弗想要在他们之间开辟一个分享的空间，那么她必须感受理查德的内心变化，并且要意识到即使最微小的期待落空或被评判也会让他退缩回自己的世界。我们建议她可以这样说："理查德，我想念和你交流的时光，只要你愿意，我愿意和你分享我的想法和感受。"

在为分享感受做准备时，很重要的一点是要感受对方的情绪，用邀请的方式拉近彼此，不带任何计划地、敞开心扉地聆听彼此的想法，而不是只表达自己的期望或要求。

当我们听别人分享他/她对某件事的感受时，尤其是当他/她的痛苦令我们感到不舒服时，或者当我们希望对方是另一个模样时，我们可能很想改变对方的想法。此时，我们必须有耐心，给对方留出空间，让他们以自己的方式打开内心。

预留一段时间用来分享会很有帮助，因为我们很容易迷失在琐碎的生活细节中，从而挤压情感联系的时间。保持亲密通常会令我们感到更舒服、更熟悉。如果预留一段时间去进行情感联系，我们就是在有意识地选择让自己变得更透明，更加开放地展示内心正在发生的事情。这可能是一个质的飞跃，尤其如果我们一直以来习惯把一切都藏在心里。

以下要点可以指引我们观察内心更深层次的情绪。

不要评判感受，认为它们是消极的。为了更加清晰地意识到我们的情绪状况，首先要做的是留意我们对自己情绪的总体态度。许多人可能对自己的情绪，尤其是愤怒、痛苦或悲伤等情绪抱持着极其苛刻的态度。如果我们在孩童时代就学会了压抑自己的情绪，那么这种态度会尤其明显。要观察和感受我们的情绪状况，首先要做到不加评判，友善地看待我们所有的内心体验。

如果我们评判一种情绪，比如愤怒或恐惧，认为它是消极的，那么当它出现时，我们可能会倾向于压抑它。采取不评判的态度意味着接受没有哪一种情感是消极的。只有当我们因为愤怒而变得好斗，或者因为悲伤而放弃生活的希望时，情感才会变得消极。一旦我们接受了所有情感的存在都是合理的，需要被感受和分享，我们就更容易感受和看到它们。首先是感受和观察自己，然后是我们亲近的人。

观察内心的不安。下一步是开始观察我们何时感到不安或不满。我们可以留意不同的事件、遭遇或经历是如何影响我们的。如果一种情况让我们感到不安、愤怒、失望或沮丧，我们可能会注意到它。与其认为这些时刻是消极的，不如把它们视为深入探索内心的机会。

当我们感到不安时，也可能感到困惑、自我批评、绝望、失去活力、沮丧、恐惧、无力、震惊或无言。在日常生活中，我们可能留意到自己有时会加快节奏，说话和动作都急急忙忙，并且通过关注下一个任务而非此时此刻来超越自己。这些都是内心不安的表现。

也许我们会注意到自己多么容易放弃自尊，多么不清楚自己的需求和边界，以及什么会让我们感到愤怒或恐惧，在哪些人身边我们会感到羞耻和震惊。当我们想念父母一方或双方一贯稳定、可靠的存在和情感支持时，我们可能对当下的被忽视或拒绝极其敏感。

当我们更有意识去观察时，可能会开始注意到一些看似微不足道的例子，这表明我们会被一些外部事件触动或打扰。举例来说，在超市结账时，如果店员礼貌有加，我们可能感到愉快，如果他/她刻薄冷淡，我们可能感到不安。首先我们要观察，感知这些事件是如何影响内心体验、情绪和想法的。回到家后，可以把发生的事情和内心的感受告诉伴侣或朋友。我们可能也开始注意到，在某些日子里会更容易受到外部事件的影响，例如，当压力更大时，没有睡好时，或在担心一些事情时。

更极端的例子可能是老板在工作中批评了你，或者你在工作中犯了一个严重的错误。这时，你和伴侣或朋友的分享可能更深入，因为这类事件可能触碰到过去你被父母或老师批评的伤口，这个伤口令你觉得自己永远不够好。

了解过往的情绪状况。当我们更深入地揭开自己内心的羞耻、震惊、被放弃、被侵犯和不被信任的伤口，探索自己的情绪历史时，我们会更加清楚如今这些伤口是如何被触发的，以及我们内心的感受如何。当我们更加了解自己过往的经历，比如孩童时期被羞辱、被虐待、被评判、被比较、被忽视、被抛弃的经历，以及害怕、屈辱、震惊、充满压力、窒息的感受，我们就可以开始观察如今生活中的事件是如何触发这些伤口的。

理解了这些以后，我们就能更自然地与亲密的伴侣或朋友分享我们的情绪体验。随着我们开始拥有这样的意识，我们也会明白生命中发生的任何事件、相遇或互动都并非微不足道的。我们都是非常感性的人，与所爱的人分享内心的脆弱会令双方的互动变得更加亲密、深刻、丰富而有趣。

正确认识自己的情绪。最后，正如我们反复提到的，能观察自己的情绪是很重要的，这样我们就不会被情绪淹没，也不会无意识地、习惯性地做出反应，同时又能体验到这些情绪。

在意识不成熟的状态下，当我们产生强烈的情绪时，我们可能被它控制，迷失在其中。身体、思想和行为都会被情绪驱使，使我们看不清事实和自身，变成了一个情绪体。在意识成熟的状态下，我们拥有观察自己情绪的能力。此时，我们不再只是一个情绪体，而是情绪的观察者。当我们的情绪被伴侣或朋友触发时，这样做尤为重要。

有时我们很难看清自己的情绪，尤其是曾经被虐待过的话，我们可能已经把记忆和感觉深埋在心底，因为这些记忆和感觉是如此痛苦。如今，要重新恢复心底的感觉可能令我们感到陌生、恐惧和难以承受。在治疗中，我们经常会遇到这种情况。

> 亨德里克曾被他的母亲性侵，因此他很难对女人敞开心扉。他曾通过找应召女郎来获得女性的注意，并与对方发生性关系，但最近他意识到，自己这样做是为了回避曾经被性侵的伤口。然而，令他感到困扰的是，每当他发现自己被一个不花钱就能发生性关系的女人吸引时，他总是会感到厌恶，这种厌恶感会变得极其强烈，然后他就会结束这段关系。

正如亨德里克的经历表明的那样，我们在自我恢复和分享情感时必须同情自己，温柔、宽容地对待自己。我们每个人的故事都各不相同，我们必须对自己温柔和耐心一些。

总而言之，与我们所爱的人保持联系，有助于我们更敏锐地意识到自己的内心体验并与他们分享这份体验。在本章中，我们提供了一些方法来指导大家如何保持联系和交流，以及如何分享我们的感受、愿景、激情和乐趣。现在让我们进入一个更具挑战性的话题：当我们之间发生了争吵、伤害，感到失望、受挫甚至背叛时，如何修复关系、恢复和谐。

练习 ‹···

想要观察内心更深层次的情绪，问问自己：

1. 当我心烦意乱、生气、情绪波动或精神不振时，我会注意到这些变化吗？

2. 当这些变化发生时，你的内心体验是什么？

3. 什么会引发这些内心体验？

4. 当我感到生气、难过、没有安全感、害怕或高兴时，身体是什么感觉？

5. 我花时间去感受这些感觉了吗？

6. 我对这些感觉有什么看法吗？

7. 我愿意让伴侣或亲密的朋友知道我的感受吗？

8. 我如今的感受和孩童时期发生的事情有什么联系？

想要练习说出自己的感受，问问自己：

1. 我有没有承诺要持续地、定期地与伴侣或朋友分享我的内心感受？

2. 如果没有，为什么？

3. 我有没有观察伴侣或朋友的情绪状况并感知他/她的感受？

4. 我有没有为伴侣或朋友创造一个令他们感到安全、温馨的空间来分享他/她自己的感受？

爱的密语

深入了解自己的感受是非常好的。但要记住一点：那些了解得更深的人，那些能看到自身的自卑、不安全感、嫉妒的人，与这些感受是分离的。他们不可能与这些感受融为一体，否则他们怎么能感受到自己的自卑、不安全和嫉妒呢？

你是见证人；所以，当你深入的时候，你会发现很多过往被你压抑的东西；或许会发现几千年来，你的整个种族都在压抑的东西；或许会发现整个人类都在压抑的东西……但你像镜子一样纯净。

当你深入时，镜子里映出的是嫉妒，但镜子不是嫉妒；镜子映出的是不安全感，但镜子不是不安全感；镜子映出的是自卑，但镜子不是自卑。镜子并不认同它映出的任何东西——镜子是空灵的、沉默的、干净的。你就是那面镜子。

第15章

修复的过程

现在我们来到了亲密关系中最具挑战性的一个方面——修复连接、信任和交流中的破裂之处，以恢复爱与和谐。

一旦我们投入一段亲密关系，肯定会遇到冲突。两个人有着不同的愿望、期待、伤口和敏感点，迟早会触发对方的情绪。

此外，当我们与某人亲近时，会很容易受到对方情绪状态的影响，这会导致我们更容易做出反应。我们也可能被生活中其他事件、情况或遭遇激发，从而更容易因为对方做了或没做某件琐碎的事情而产生情绪。

最近，我们和一对相恋仅四个月的伴侣一起工作。他们都真心承诺要在一起，也都在调整自己的内心。他们遇到了第一个难关。男生觉得自己被吞没了，于是开始抽离，这是他一直以来的行为模式。感受到对方的抽离后，女生开始感到害怕。她变得更加苛刻，这是她一直以来的行为模式。

男生曾对我们说："我不确定我是否想把这种互动变成一个过程。"

对此，我们回答道："如果你接受，那么随着你们的交往越来越深入，这种互动会变成一个过程——一个学习你们二人如何以及为什么被触发的过程，一个学习如何利用这些情况来成长和成熟的过程。"

从误解、冲突和伤害中恢复和谐的修复之路非常简单，分为两步——反思和在脆弱的状态下分享。

第1步：反思——内心的旅程

反思是一个进入内心的过程，与我们之前描述的包容过程非常相似。当我们的情绪被别人触发时，反思是采取的非常重要的第一步。我们首先要对自己的心烦意乱承担责任，感受被触发的痛苦和伤口，然后在脆弱的状态下分享自己。

这一步包括：

* 认识到我们是何时以及如何被触发和激起情绪的。
* 理解我们为什么会被触发和激起情绪；理解被触发的伤口。
* 花点儿时间来面对我们的不安和情绪，面对在这种情况下出现的恐惧和不安全感，找到一种方法来温柔地安抚我们的神经系统。而后，我们可以在脆弱而开放的状态下分享自己。

让我们更深入地探索一下这几个方面。

认识到我们是何时被触发和激起情绪的。当我们被触发并产生情绪时，我们会感到被误解、受伤、不安全、愤怒、沮丧或孤独，我们可能坚信需要保护自己。在这种状态下，我们可能自动做出抽离、封闭、攻击、评判、批评、惩罚、报复等反应。

理解我们为什么会被触发和激起情绪。

伦纳德和凯瑟琳在一起一年多了。他们彼此深深吸引，双方都真心思考并调整关系及自身，同时享受着滋养身心的亲密行为。但他们总是会争吵，而且常常吵得很激烈，甚至演变成语言暴力。然后双方都会感到绝望、愤怒、充满恨意，想要结束这段关系。在他们俩的关系中，这种从爱到恨的剧烈转变有些极端，但许多亲密关系都有这种情况。

当我们问他们为什么要争吵时，他们都说是因为对方的表现。伦纳德说："当她开始嫉妒时，她会变得疯狂，攻击我，对我大喊大叫，指责我不忠，而且不会让我一个人静一静。她经常告诉我，她比我更'成熟'，更有觉知。这些做法快把我逼疯了。"

凯瑟琳反驳道："当他没有得到他想要的关注或认可时，他就会咄咄逼人、辱骂我。他还没有学会克制自己的反应。"

很重要的一点是，我们需要探索自己与伴侣的关系是如何以及为什么会从充满爱与吸引，戏剧性地转变为受伤、愤怒、封闭自己、听天由命，甚至想要伤害对方。

从根本上来说，当期望没有被满足，当伤口被触碰到，当我们感到不被爱或不安全时，情绪就会被触发。对方人格中的某个部分使我们感觉自己渺小、不够好、无力、不安全、被孤立、被拒绝、被伤害或被误解，我们甚至可能忘记自己曾经爱过这个人。

在这种状态下，我们会想要攻击、伤害、疏远对方、证明自己是对的或放弃，这些想法或做法会强化内心对他人、对爱、对自己的不信任。我们会觉得应该封闭自己、做出反应。

问题常常是我们没有意识到任何亲密关系都会发生这种情况。我们可能曾经幻想对方总是会带给我们积极正面的感受，或者我们会认为如果对方做出改变，一切都会变得更好，或者认为这个人不适合我们。但我们可能没有意识到，任何与我们亲近的人都可能带给我们负面的体验，而且这是一个重要的成长机会。

我们首先要调整自己对伴侣或朋友的负面投射，并探索这种投射所刺激到的伤口，然后才有可能以健康的方式解决冲突。

有时候，我们会深陷在他人带给我们的负面体验中，部分原因是我们过去就是这样，我们也知道迟早会出现这样的结果。当靠近某人时，我们坚信会发生这样的结果，这种信念和感受早已深深地印刻在我们心中。

进入内心，面对我们的不安和情绪。我们的情绪反应可能非常强烈，应对情绪最好最简单的方法就是留意情绪是何时出现的。我们的神经系统被激活了，可能感觉到一股强烈的冲动，想要以某种方式做出反应。当我们决定不把注意力放在对方身上，努力克制因为情绪而习惯性地做出反应，把意识和能量带回到自己身上时，转变就会发生。

当我们能对自己说，"好，等一等。我的情绪被触发了，我需要更深入地看看是什么让我如此不安，为什么我感到心烦意乱，然后感受我的心烦，我的愤怒、伤痛、恐惧和羞耻，而不去责怪对方或认为对方是我痛苦的原因。这可能不是我第一次遇到这种情况，所以让我深入观察一下内心。让我静静地面对此时暴露出来的伤口"，我们就踏上了修复之旅。

我们帮助伦纳德看清了他的什么行为会激起凯瑟琳的嫉妒心，并教会了他在不放弃交友自由的前提下，更敏锐地捕捉凯瑟琳心里的害怕。我们还使他明白，当凯瑟琳说自己比他更"成熟"时，这刺激到了他羞耻的伤口，他可以对此进行更深入的探索。然后，伦纳德就能告诉凯瑟琳为什么她说的话会触发他羞耻的伤口了。

我们帮助凯瑟琳认识到，她怀疑伦纳德不忠并攻击他，这让伦纳德觉得他必须保护自己。其实，在这些时候，凯瑟琳可以静静地感受到内心的恐惧和不安全感，明白是自己被抛弃和羞耻的伤口被触发了，并与他分享自己脆弱的一面。我们还帮她认识到，当她说自己比他更成熟时，只是在保护自己，好让她不会因为自己是女人而缺乏安全感。

简而言之，相比直接做出反应，我们可以开始观察自己是如何以及何时被触发的，情绪是如何被激起的，身体有什么感受，并注意自己是如何因情绪自动做出反应的。然后我们可以观察自己内心的期望，并承担起责任，不再把期望放在对方身上。我们可以学习控制内心的情绪风暴，并意识到它源于我们过往感到无助、渺小和不被保护的体验。

我们情绪激动时，可以关注三方面的体验。

* 随之而来的身体感觉——胸口、肚子、下巴、肩膀或四肢的紧张和紧绷，可能还会有爆发性、广泛性焦虑。
* 伴随情绪而来的想法——比如"我需要做点儿什么""这可不行""我必须保护我自己，或者证明我是对的""如果我不说点儿或做点儿什么，我会被羞辱的"。
* 自动和习惯性行为——我们之前提过的默认型防御行为。

当我们深入内心并对所面对的情况承担责任时，将会大大提升我们的尊严和自尊。在内心深处，我们知道戏剧化情节和冲突最终不会带来我们渴望的东西，我们的成长取决于自己而非其他人，幸福并不来自从外界获得的任何东西。

关于反思的过程，还有一点很重要。第8章提到过我们有多容易被愤怒和怨恨控制。在内心反思的阶段，我们可能感到非常愤怒或怨恨，重要的是不要忽略或压抑内心的愤怒。毕竟，过去我们在爱和尊重方面有许多需求未被满足，所以我们对爱情和友谊生活寄予了太多期待、希望和幻想，而我们注定会失望。

而且，从孩童时期起，我们可能就没有守护好边界，如今当我们意识到对自己多么疏于保护和照顾时，内心会非常愤怒。或者，当我们看到自己多么容易失去自我时，会变得非常沮丧。

因此，更深入的亲密关系不仅会带来爱与连接的美好感受，也会带来想要愤怒和报复的感受。如果我们带着强烈的情绪去和对方交流，往往会带来更多冲突、伤害和怨恨。所以，我们有必要在一个安全私密的空间里调整和释放积累起来的愤怒和怨恨，比如通过个人疏导、武术、拳击、动态冥想、呼吸练习或任何其他情绪释放练习，来有意识地收回我们的能量。

有时候，我们可能需要几天才能冷静下来，重新敞开心扉，靠近对方，向对方展现自己脆弱的一面。但当下我们可能非常想要重新联系或攻击、责备对方，甚至可能迫不及待地在脆弱的状态下分享自己的想法。我们不会等待，因为我们无法忍受关系的不和谐，或者坚持认为对方是错的，认为表达愤怒会带来更多力量。

把我们与伴侣、朋友交往过程中遇到的困难视为内在成长的机会，这对解决问题大有裨益。这种态度可以防止我们陷入受害者心态，感觉自己完全受制于对方，也能防止我们固执地认为不和谐的情况不应该发生。

第 2 步：在脆弱的状态下分享

真正的分享来自对重新连接的渴望，而不是想要证明我们是对的，发泄愤怒，改变或惩罚对方，真正的分享也无法在一种消沉、妥协但想要恢复和谐的状态下进行。

在进行了反思后，我们可能注意到，当情绪开始缓和时，身体和内心的感觉会发生变化，我们会更愿意向对方敞开心扉。

然后，我们就来到了最后一步——在脆弱的状态下分享。

一旦我们的神经系统平静下来，并且想要与对方重新连接，我们可以这样说：

★ "我想和你分享一些想法，而且我很想恢复我们之间爱的联系，要实现这件事很重要的一点就是和你分享这些想法。"

★ "这些是我的想法，与你无关，我承诺不会责怪你、攻击你、为自己辩护、为自己找借口，也不会试图改变你。"

★ "现在方便和你分享吗？现在你有时间听我说吗？我也想听听你的想法，所以我会说得简短一些（最多10分钟），然后听听你的想法。"

（这些表述只是我们的建议，基本要点是要向对方发出邀请，确保讲述自己的想法而不要责备对方，而且要说得简短一些。）

如果对方回答"可以"，那么我们可以来到下一步。

如果对方回答"时间不合适"，那么你可以问他/她什么时候合适。也许对方需要更多时间来考虑，还没准备好聆听你的想法。

例如，对方可能说："现在对我来说不太合适，因为……但我也想重新联系，等我准备好了会来找你。"

如果对方回答可以，那么我们可以继续。我们建议你这么说：

- ★ "当……发生，或当你说/做了……，我心里觉得有些难受和受伤。"
- ★ "事情发展到这一步，我发现我的问题是……，而且我发现我有……的倾向。"
- ★ "我对……非常敏感，因为从小时候开始，我……这是我心里的伤口，与你无关。"
- ★ "我和你分享这些，你感觉如何？"

（同样的，这些表达只是我们的建议，关键是要遵循事实，承担自己的责任，并告诉对方自己对这方面比较敏感是根源于过往的经历。）

在大多数情况下，当发生触发事件时，两个人都会被激怒，正如我们之前提到的，两人的伤口一定会发生碰撞。通常情况下，如果分享重新激起了其中一方的情绪，那么是时候暂停一下，让自己更加深入地进行一下反思。

但如果两个人都比较平静，也愿意交流，那么也可以等待另一方的回应。我们建议这么说：

> ★ "实际上，当……（无论发生了什么，说了或做了什么），我发现，当我说或做这些时，实际上我是在……"
>
> ★ "我也发现，我……加剧了我们之间的冲突或让情况演变至此。"
>
> ★ "它触发了我……的伤口，这个伤口源于过往的经历。"

我们知道这个修复过程有点儿理想化，因为在现实中，很多时候我们会根据情绪下意识做出反应。

然而，即便如此，在意识到这点之后，我们就能知道自己被情绪控制了，就能回到内心，思考自己为何被触发，感受自己被激起的伤痛感觉，然后从一个脆弱的状态回到对方身边。当我们真正为自己的感受承担责任时，就会在关系中创造很多安全感，恢复双方之间的信任和爱。

在学习的过程中，我们往往不太容易看出自己是在一个脆弱状态还是防御状态里进行分享。有一个好方法可以进行验证，那就是问对方在分享时是否感觉和我们更亲近。

如果对方感觉和我们更亲近，那么我们很可能是在展现脆弱，如果没有，那么我们很可能还是在保护自己，在责备或抱怨对方。因此，不要把全部的时间用于分享，而是留出一些时间确认对方的感受。如果他们感到我们敞开了心扉，那么我就可以继续。

有时候，我们向对方展现脆弱，但对方还没有准备好敞开心扉。那么最好的方法就是等待，克制我们对连接的渴望。

练 习 ❮···

我们建议你"要"做一些事情，以及"不要"做一些事情。

不要（如果做得到的话）：

1. 不要对对方说"你"，谈论你自己，只说"我"。

2. 不要指责、攻击、谴责、分析或试图改变对方。

3. 不要在情绪化时威胁要分开或终结双方的关系。

4. 不要不停地批评、贬低或评判对方。

5. 不要一直对对方发火。

6. 不要通过孤立对方或退缩回自己的世界来惩罚对方。

要（如果做得到的话）：

1. 愿意和承诺修复和回归爱的联系，而不是让怨恨生长、恶化。

2. 对自己的感受承担责任，意识到它们根源于过往的经历。

3. 花点儿时间去探索自己情绪背后的恐惧和不安全感。

4. 如果你对伴侣做出了情绪化的反应，那么花点儿时间进入自己的内心，感受一下引发这种反应的恐惧、孤独或羞耻感，然后真诚地为你的反应道歉。

5. 给伴侣时间和空间让他/她分享想法，你需要用心倾听。

6. 如果你无法解决冲突，那么在与对方断开联系前寻求他人的帮助。

冥想：回归自身（尤其适用于当情绪被伴侣或朋友触发时）

（你可以读出并录下这段冥想过程，然后回放给自己听，也可以让朋友读给你听。）

首先找一个安全、舒适、不受打扰的地方坐下或躺下。

慢慢地让自己放松下来。

闭上眼睛，慢慢地让注意力和意识进入身体。

越来越深入，越来越放松。

让自己沉浸在放松和有意识的状态。

让身体休息，同时保持警醒和意识。

观察呼吸，自由地吸入和呼出。

观察吸气和呼气。

让每一次呼吸带领你越来越深入。

变得越来越放松。

随着你放松下来，花点儿时间去感受你的身体状态。

在这个安静、放松的空间里，感受它的宽敞，感受你身处在它的中心，感到安适自在。

你可能很熟悉这个自我处于中心的内在空间，当你在大自然中散步时，当你参与一项体育运动时，当你和孩子在一起时，当你沉浸在一项爱好中时，这些活动都会帮助你感受这个空间。

这个空间是你的家，很高兴你可以随时回到这个地方。

当你在生活中感到心烦意乱时，知道自己可以回到这个空间，深呼吸并让内心深处安定下来，会对你非常有帮助。

生活中有很多情况会把你拉离这个中心。

如果你选择与某人建立深入的关系，那么你的情绪会很容易被触发，从而离开这个中心。

如果你觉得被伴侣误解或忽视，你可能被激怒。

如果你想要建立连接或交流，你可能产生情绪。

或许你渴望被喜爱、欣赏或接纳。

或许你想让伴侣变得更有趣、更积极或更主动。

有时你可能感觉不被尊重，受到了侵犯或伤害。

这些行为中的任何一种都会令你感到非常不安。

花点儿时间思考一下最近在你的生活中出现的触发因素。

让自己重新回到这种情况或这类事件，留意这些事件带给你的感觉。

留意事件发生时你是如何做出反应的。

或许你很生气，并且向伴侣发泄怒火。

或许你责怪或抱怨他/她。

或许你退回自己的世界，切断了与对方的联系。

一边留意自己的反应，一边感受促使你做出反应的内心的不安。

感受这份不安有多么强烈。

留意你的反应有多么条件反射和难以控制。

或许你采取这种反应模式已经很长时间了，已经非常熟悉和习惯这种做法了。

你或许从未想过，除了直接做出反应，你还有别的选择。

你认为自己必须做出反应，可能是因为你感觉必须保护自己。

我们曾经依靠这些反应生存下来，现在我们依然相信需要这样做。

但其实有别的选择。

想象当你处于当时的情境中时，你决定不做出反应，而是进入内心。

再次花点儿时间让内心安定下来，让意识沉静下来，回到自身，进入内在的世界。

做几次深呼吸。

让呼吸帮助你慢慢地、轻柔地回到内在的中心。

留意那里存在两个你。

一个你情绪化，喜欢直接做出反应。

另一个你在情绪被触发时，甚至在内心非常不安时，能够观察自身。甚至在被激怒、内心躁动不安时，也可以退后一步，观察自身。

让自己再次旁观和感受整个事件。

留意是什么触发了你的情绪。

留意它令你感到多么不安。

留意你做出的条件反射式、难以控制的反应。

留意这种反应对当时的情况造成了什么影响，其实只是令事态变得更糟糕。

留意你内心做出反应的冲动有多么强烈。

有意识地收回那些促使你做出反应的能量。

留意当你有意识选择克制自己、不做出反应时，发生了什么。

或许你感到非常沮丧和生气。

或许你感到慌乱和恐惧。

或许你感到被羞辱，很羞耻。

或许你感觉自己要失控了，或者会变得低人一等。

让自己把所有的感受聚集在腹部。

让它们就在那里，而不向对方做出反应，并且让自己感受身体的感觉。

你甚至可以有意识地用呼吸来安抚自己。调整你的呼吸，仿佛它在对自己说："没事了。现在你很安全。"

你可能留意到，只是静静地面对那些不舒服的感觉，并且有意识地调整呼吸，你会慢慢地回到内在的中心。

感受回到内心家园带给你的骄傲感。

或许你甚至可以轻轻地对自己承诺：在日常生活中，当你留意到自己变得不安、想要做出反应时，你会练习回到自己内在的中心。

随着不断练习，回归自身和安定下来的过程会慢慢变得更容易，即便产生了强烈的情绪，你也能控制自己，让它安定下来。

晚些时候，当你的内心安定下来、变得更冷静时，你可能需要向对方说些什么。

再过些时候，你可以与对方分享当时的情况是如何令你感到恐惧不安的，你甚至可以分享你在害怕紧张些什么，以及当时的情况是如何触碰到你过往的伤口的。

或许你也需要告诉伴侣或朋友，他们的某些行为会令你感到受伤，这是你需要面对和解决的问题。

随着你不断练习这个冥想过程，摆脱情绪的控制和回归内在中心就会变得更容易。

克制自己不做出反应，静静地感受身体里的感觉也会变得更容易。

只有当你的内心安定下来，回归内在的中心，才有可能与对方进行真正的交流。

现在，你可以让思绪慢慢地回到现实中。

随着你开始把能量带回你的身体，轻轻地活动你的手指和脚趾。

随着你的能量更多地回到身体里，你可能想做一次深呼吸，当你准备好了，你就可以睁开眼睛……

现在你回来了，思绪回笼，彻底清醒。

爱的密语

这就是爱：两个人一起努力解决生活中的问题，不会很快感到厌烦和厌倦，而是耐心地把问题看作学习和成长的机会。

每段亲密关系都是一个成长的机会。不要指责它，它既有美好的时光，也有黑暗的时刻，享受所有的过程。

生活就是这样，有高潮也有低谷。

第16章

亲密关系如何改变性

让我们来探讨一下如何在一段持续的亲密关系中保持身体上的连接。

詹森和桑德拉结婚20年了，刚开始时他们的性爱频繁而充满激情。但随着四个孩子的到来，事业压力的增加，以及他们之间不断积累的情感冲突和怨恨，两人之间性爱的频率和质量不断下降，现在已经没有性生活了。

詹森想要更充满激情的性爱，但桑德拉觉得他们首先需要解决双方的情感冲突，她想要先与詹森建立更深层的连接，然后再向他开放自己的身体。

詹森和桑德拉的例子很好地向我们说明了在长期亲密关系中性爱方面经常出现的问题。

通常有五个因素会让性爱的质量下降。

* 随着时间的推移和日渐熟悉，性兴奋会自然减退。
* 生活、经济、工作方面的压力，以及把大部分精力都花在了孩子身上。
* 有未解决的情感冲突。
* 双方在做爱时有不同的需求和期待。
* 无意识的性或其他方面的创伤浮出水面，影响到性生活。

如果一对伴侣想要让性爱恢复并更加深入，那么需要注意以下这些方面。

当我们变得更加脆弱时，旧的创伤可能被触发

　　首先我们想说的是，长期亲密关系中的性爱会随着时间的推移而改变。这个事实可能很难接受，许多人正是因为体验到兴奋感才对性产生依赖。但是，随着时间的推移，关系早期的兴奋感、新奇感和激情度往往会减弱。这是因为当我们变得更加脆弱和敞开心扉时，之前没有意识到的恐惧和不安全感就会浮出水面。

　　隐藏的创伤浮出水面，这可能导致性功能障碍，身体不再像我们希望的那样运作。当兴奋驱使我们进行性爱时，我们可能更关注高潮、激情、探索和冒险。从某种程度来说，这种能量取决于伴侣在看待对方时有几分客观，有几分幻想。

　　当我们对某人越来越敞开心扉时，他/她对我们来说会越来越重要，我们也会越来越脆弱。此时要维持最初的兴奋感会更难。最初激情似火的性行为现在可能令对方感到恐惧，由兴奋驱动的性行为可能过于激烈，不再令对方感到安全。

　　当这种情况发生时，其中一方可能感到震惊，虽然会继续亲密行为，但身心分离，既不投入，也不去感受

身体的感觉。或者可能退缩，逃避性爱，感到生气。这会造成一种痛苦的状态，其中一方感到震惊、不再投入，另一方感到被抛弃或感到自己不再有活力。

凯瑟琳和路易斯结婚15年了，有3个孩子。一开始，他们的性爱充满激情和满足感。后来，凯瑟琳开始接受治疗，因为她在日常生活中出现了自己无法解释的焦虑症状，他们的性爱也发生了变化。她发现自己正在以孩子为借口回避性爱。当孩子在家时，她做爱会很不自在，而且她一直在拒绝路易斯。

但即使他们独自去度假时，凯瑟琳也回避性爱。她的治疗师询问她小时候是否有被性虐待的记忆，但她想不起来。让事态变得更复杂的是，她曾和一名私人健身教练有过一段短暂的恋情，而在这段恋情里，她可以再次像结婚初期和路易斯那样做爱。她在教练面前不那么脆弱，所以她可以和他一起兴奋起来。

凯瑟琳和路易斯开始接受我们提供的夫妻治疗，因为他们正处于离婚的边缘，但他们仍然深爱着对方，想要挽救婚姻。随着我们工作的展开，凯瑟琳慢慢发现她仍然想和路易斯充满激情和兴奋地做爱，她尝试这样做，但发现自己还是会很快抽离，无法沉浸其中。她意识到，即使是在他们刚开始交往时，虽然表面上看起来一切顺利，但她从没有全身心地投入进去。现在，如果她在做爱时去感受自己身体和内心，她要么会因为震惊而麻痹，要么会感到极其愤怒。这两种情况都令她自己和路易斯感到困惑，后来我们解释说，恐惧和愤怒这两种极端表现都是对过去可能发生过的性侵犯的自然反应。我们告诉她，如果她记不起来也没关系，因为她可以在与路易斯的爱的连接中治愈自己的伤口。

我们让凯瑟琳面对路易斯，并说出自己如何才能获得足够的安全感，从而在性爱时靠近他。她对路易斯说："我需要你慢慢来，一直和我保持互动。有时候我需要停下来，深呼吸，感受一下自己的身体感觉。"

路易斯说："对我来说，克制自己的激情并不容易，但我会尽我所能。我希望我们能在一起，如果你需要，我愿意这样做。"渐渐地，她的身体开始放松，找回了一些兴奋感。

"这个过程需要时间和耐心，这是对你们爱情的一次真正的考验。"我们告诉他们。

我们还需要帮助路易斯理解他的伤口，当他不能自由地释放性能量时，这个伤口就会被触发，以及帮助他消除由于凯瑟琳的婚外情而产生的性方面的更深层的不安全感。

并不仅仅是那些被母亲过度保护、被照顾者暴力对待或在青少年时期性萌芽被压抑的男性才有伤口。那些过去被父亲或其他男性支配、控制、压抑或虐待过的女性也会有这种体验。

像凯瑟琳和路易斯这样的情况非常具有挑战性，因为路易斯觉得他被压抑了，而凯瑟琳觉得她被虐待了，或者说对方没有感受她的感觉和状态。

当对方最看重安全感和连接时，我们需要更敏锐地感知对方的动态，如果我们能明白这一点，那么就有可能解决这个问题，我们渴望的活力、乐趣、冒险感甚至兴奋感就可能重新出现。

以下是可以帮助我们修复安全感和信任的指南。

★ 把节奏放慢，这样一方或双方的神经系统就不会超负荷，从而引起恐惧、愤怒、抽离和震惊等反应。随着时间的推移，有创伤的一方就可以慢慢变得越来越有活力。

★ 在做爱时交流自己的身体感觉，在不做爱时交流自己的体验。

★ 保持眼神交流至少一段时间，以保持连接。这能避免双方害怕自己被动接受一切，并帮助双方更加投入当下。

★ 双方都要学会识别抽离和震惊，并与对方交流这种感觉。

★ 双方都要意识到，如果一个人在身体或性方面受过创伤，那么他/她在性爱时可能感到愤怒。带有创伤的人可能把对所有伤害过自己的人的愤怒投射到他/她的爱人身上。激情的性爱可能激活埋藏的过往记忆。

性爱会随着关系越来越深入而自然变化

随着两人之间的关系越来越深入，越来越触及内心深处，以前的由兴奋驱动的性爱往往会失去一些吸引力。这可能导致伴侣之间性爱的不和谐，一方会渴望进行最初那激情似火的性爱，而另一方会希望性爱的过程更和缓、更柔和、更深沉，不再专注于性高潮。

可以说有两种截然不同的性爱方式。一种是兴奋驱动的，专注于性高潮，另一种是更深沉的、节奏较慢的，而且不再专注于获得性高潮。

在关系刚开始时，双方可能最看重的是能量互动和兴奋感。但随着关系越来越亲密，两人之间的连接会变得更重要，双方也会对深沉的性爱产生兴趣。

西蒙和琳达遇到了困难，因为琳达不再想要以前那种关注兴奋和高潮的性爱了。琳达曾经有一段疯狂的时期，与许多伴侣广泛探索性爱的各个方面，但现在她只想要更深层的连接。而西蒙仍然非常喜欢感受自己的性能力和性高潮，他有点儿难以适应琳达的变化。

不过，他愿意学习新的性爱方式，于是他们一起参加了为期一周的讲习班，学习用一种新的、更和缓的、连接更紧密的方式做爱，把注意力从兴奋

感和性高潮上转移开。在那之后，西蒙能够满足琳
达的需求了，因为他意识到，这种性爱方式更滋养
双方的关系。

毫无疑问，随着年龄的增长和荷尔蒙的变化，我们
对由兴奋驱动的性爱的兴趣会减弱，性爱方式也会随之
改变。但如果能适应这种变化，你会发现，这并不意味
着性爱方面的连接会减少，人们会自然而然地对深沉的
性爱更感兴趣。

黛安娜·理查森（Diana Richardson）在《深沉的性
爱：令人满足和可持续的性爱之路》（*Slow Sex: The
Path to Fulfilling and Sustainable Sexuality*）一书中阐述
道，深沉的性爱强调不运动，专注于连接、呼吸和双方
结合的微妙能量。我们对深沉的性爱的阐述参考了这本
书和她撰写的其他相关书籍。

生活的压力和对孩子的关注会破坏性爱

马丁和贝琳达面临着生活的压力和照顾孩子的
责任，渐渐地，他们开始回避性爱。他们会把卧室

的门一直开着，因为他们不想让孩子们感觉自己被关在门外，但结果他们一直担心做爱时孩子会进来。此外，马丁回到家时经常心事重重，晚上大多都会在电脑前处理工作。

性爱常常会中途停下来，他们俩都有点儿泄气。有时马丁会主动和贝琳达做爱，但贝琳达觉得他没有花时间和自己连接，只想快速完成这件事。由于一再被拒绝，马丁也不再主动了。两人都感到受伤和沮丧，他们都渴望性爱，但不知道如何告诉对方自己想要什么，如何打起精神，或者隔离孩子和工作的干扰。

这些因素常常会破坏伴侣之间的性爱，然后人们会屈服于琐碎的日常，性爱也变得缺乏活力，就像例行公事。为了解决这些问题，重新点燃性爱的热情，很重要的一点是要愿意做些什么来为性爱创造时间。

马丁和贝琳达来我们这里参加了一周的伴侣静修，在此期间我们解决了这个问题，帮助他们意识到了他们渴望再次做爱，并且把这种渴望表达了出来。我们让他们做了一些简单的练习，学习以一种不会令对方感到害怕、能敏锐感知对方需求的方式进行身体交流，并且在做爱时和做爱后交流自己的体验，分享自己在性爱方面的不安全感或恐惧。我们还邀请他们表达对彼此的欣赏，以及如何被彼此的身体吸引。

我们帮助他们解决了回家后面临的实际问题。最终他们都同意，有时候可以关上卧室的门，而且以后也会就这个话题保持交流，并继续欣赏彼此。马丁还答应以后不把工作看得比亲密关系更重要。

只要伴侣们愿意，可以通过很多方式重新点燃爱情生活，包括接受密集的伴侣治疗；参加讲习班，寻找新的性爱方式；更频繁地度假，设法把工作和生活压力放到一边；以及在照顾孩子的同时抽出时间留给自己。做到这些需要付出一些努力，但根据我们的经验，只要愿意，伴侣们终会找到方法的。

未解决的情感冲突会破坏性爱

　　阿瑟和凯茜来找我们寻求帮助，他们的性爱状况很糟糕，因为他们的情感冲突没有得到解决。阿瑟忙于工作，很少有时间和凯茜在一起。而且，他沉默寡言，封闭自己，凯茜觉得自己无法靠近他。当凯茜想把自己的想法告诉阿瑟时，她会用一种批评和不耐烦的方式来表达，于是阿瑟更加远离她了。

　　许多年前，凯茜曾有过一段短暂的婚外情，因为她非常渴望亲密感情，就像曾经与阿瑟那样。

　　随着深入探索，我们发现阿瑟之所以难以和凯茜交流，部分是因为他感到深深地不安，不知道凯茜是否真的想和他在一起，或者自己是否能够满足她的性需求。而凯茜这边，随着我们的深入探索，她发现自己对男人的愤怒和不信任是由于早年父亲对她的身体虐待，但由于她仍然把父亲视为理想典范，没有与他谈论、解决过虐待问题，所以她把所有的不信任和愤怒转移到了阿瑟身上。

阿瑟也意识到，他仍然对母亲心怀怨恨，因为在他十几岁时，他的母亲没有正视他的性觉醒和正在萌芽的男性能量。当凯茜在性方面拒绝他时，他对自己的性能量感到羞耻，就像他在母亲面前的感觉一样。我们一起揭开和讨论了所有这些问题，帮助他们找回了之前失去的大量信任。

未解决的情感问题对性爱的破坏力最强。阿瑟和凯茜的例子揭示了长期亲密关系中的一些常见的性能量破坏者。

★ 内心可能有一些愤怒、怨恨、不信任和想要报复的感觉未平复，这些感觉来自孩童时期受到的忽视、虐待或压抑，经常会被投射到如今的伴侣身上。

★ 两人之间可能存在怨恨、不和谐、缺少尊重、缺少交流的问题，因为一方或双方不理解对方，或不知道如何以健康的方式解决冲突。

★ 一方或双方都在性爱方面缺乏安全感，这种情况需要得到承认和讨论。

重新探讨和建立更深层次的爱的连接是解决大多数性问题的根本方法。在充满爱、沟通和尊重的氛围中，许多伴侣都能克服这些问题，使性爱复苏。

在长期的亲密关系中，只有性活动不足以维系爱，但如果没有身体之爱，就缺少了一些什么。

我们发现，对于伴侣来说，意识到在由兴奋驱动的性爱之外，还有其他替代性的选择，会令他们感到解放。当一对伴侣将安全与信任、保持连接、交流、尊重彼此的恐惧和不安全感置于优先时，性爱深沉的一面和兴奋的一面都会持续深入。

练习 ◀···

问问自己：

1. 在性爱方面，我对自己和伴侣的期待是什么？

2. 在性爱方面，什么令我感到恐惧和不安全？

3. 随着时间的推移，我们的性爱是否发生了变化？我认为是为什么？

4. 我是否因为在性爱方面不满足而责怪自己或伴侣？

5. 是否有未解决的情感冲突影响了我们之间的性爱？

6. 我是否愿意做出必要的改变，以便我们能在性爱时重获安全感、满足感并重新建立连接？如果我愿意，那么需要做出哪些改变？

问问你的伴侣：

1. 什么能帮助你对性爱更感兴趣，并在做爱时更打开自己？

2. 我可以做些什么或不做什么，好让你觉得更安全，更打开自己？

3. 我们怎样才能留出更多放松的时间呢？

与身体保持连接的指南

你把注意力集中在身体感觉上：

1. 你的性中枢是紧缩的还是放松的？

2. 你的心是敞开的还是封闭的？

当你进入兴奋状态：

1. 你能和你的身体保持连接吗？

2. 你能和你的伴侣保持连接吗？

3. 你是否更喜欢通过沉浸在自己的体验、性高潮或性幻想中来逃脱这种连接？

4. 在性爱时，如果你感到不安全或害怕，你会怎么做？

做爱后：

1. 你是否感觉自己和伴侣之间的连接更深了？

2. 如果没有，那么在更深层面上发生了什么？你是否通过讨好对方、强迫自己克服恐惧，或者脱离自己的身体感觉来进行补偿？

3. 你觉得性爱带给你的滋养更多了还是更少了？

4. 这段体验会让你想继续做爱还是远离对方？

爱的密语

爱是一朵罕见的花。我们只有某些时刻能看到这朵花绽放。很多人误以为他们和伴侣之间是爱人，他们相信自己是爱对方的，但只是他们这样认为。

所有人都可能有性。所有人都可能认识他人。但不是所有人都会爱。

当没有什么需要隐藏时，你就可以敞开心扉，撤回所有边界。然后邀请对方深入你的中心。

记住，如果你允许某人洞悉你，进入你的内心深处，对方也会对你敞开心扉，因为当你允许某人洞悉你时，你们之间就产生了信任。

让爱成为一种修行、一种内在的训练。不要只把它当作一件无关紧要的事情。不要只把它视为占据在你头脑的一样东西。不要只把它视为一种身体上的满足。把它视为一种内心的探索，把他人的爱视为一份帮助，把他们视为朋友。

生活在爱流中

　　爱流是一个能量场，它独立于我们的不信任、自我怀疑、认为不被爱或别人配不上我们的能量场之外。事实上，爱流超脱了我们的自我。当我们在内心，以及和伴侣或朋友一起创造出一个健康的心理环境时，就会进入这种状态。

　　只有坚持不懈地觉察、探索内心和了解自己，我们才能为与某人建立爱的连接打下坚实的基础。

　　在做准备时，我们要愿意持续地观察自己，善待自己，更加自信地维护自己的边界，不依靠别人来拯救我们或让我们快乐，并且学会接受和安抚内心的失望和挫败。

其他的就不由我们决定了。

有时，人们会一心寻找他们的"灵魂伴侣"，或者相信自己已经找到了那个他/她。这往往是一种幻想，而不是现实。很多时候，这是一个伪概念，代表了我们在一种困惑和不成熟的状态下，想要依靠某个人来驱走我们的孤独、痛苦、恐惧和羞耻，而不愿意探索自己的内心，为爱的流动做好准备。

我们用爱流来比喻，是因为爱流会推动着我们前进，并教导我们成长。爱流推动着我们去学习10堂极其重要的爱的课程，我们也将此作为本书的结尾。

了解自己的敏感点

了解我们内心的羞耻、震惊、被侵犯和被放弃的伤口，以及它们是如何影响我们如今的亲密关系的。了解我们的伤口是如何被触发的，并且学会为此承担责任，而不是把自己的沮丧和失望发泄在别人身上。

相互了解

明确生活中的优先事项，并勇于探索伴侣或朋友与我们的优先事项是否一致，例如，是否要孩子；在性方面是否排他；是愿意成长并解决问题，还是安于现状、否认问题的存在、与对方保持距离和依赖于上瘾物。

保持敞开心扉的状态

识别出我们何时处于自动防御状态，并勇于质疑这些防御。在健康的亲密关系中，我们开始意识到这些条件反射式的、未曾质疑过的行为，然后做出改变。注意到我们这样做是在保护自己或转移注意力，然后进入内心去发掘身体的感觉，感受那份痛苦或不适，先对自己敞开心扉，然后对伴侣敞开心扉。

接纳对方

爱意味着接纳对方的缺点、性格中怪异的方面、内心的恐惧和不安全感。但最重要的是，爱一个人意味着我们要学会接纳对方性格和行为中那些让我们不愉快的方面，学会在得不到自己想要的东西时克制自己，不对伴侣或朋友做出反应。

诚实地面对自己

当我们靠近另一个人时，要意识到自己内心的边界、整体性和个性，并对其充满信心，保护自己的空间和尊严。这意味着要诚实地面对自己，包括自己的能量和身体，用一种善意的方式表达我们的真实情况，即使这可能不符合对方的意愿、需求甚至是要求。我们要接受在诚实面对自己和让伴侣失望时可能产生的内疚感。

娱乐

通过创造美好、有趣、丰富、深刻、充实的生活，而不是依赖亲密关系来让自己获得意义、能量和快乐，我们要找到亲密关系之外滋养自己的方法。这些方法包括发挥我们的专业、运用创造力、与朋友共度时光、到大自然中去，或者做你喜欢做的事情。

诚实和负责

承诺保持诚实，不隐瞒可能危及基本安全的秘密，履行我们做出的承诺和定下的协议，并有勇气放弃不适合自己的协议。

用充满爱的方式解决冲突

当我们感到心烦意乱时，投入时间和精力调整自己的内心，当我们准备好了，再回到伴侣身边修复两人的关系。

让性爱适应更深入的亲密关系

性爱会随着亲密关系的深入而自然改变，重要的是愿意寻找一种适合双方的性爱方式。这意味着要放下自己心里的目标或想法，优先考虑连接、安全和交流。

培养沉思的习惯

时常调整自己的内心世界。这能帮助我们更加敏锐地感知自己的伤口，并慢慢形成更多内心空间，这样当我们被触发时，就能运用内心的力量面对那种不安，也能更直接地获得天然的生活乐趣。

生活在爱流中并不意味着，在一段健康正常的亲密关系中，我们就不会搁浅，就不会把对岸的朋友和爱人视为敌人。生活在爱流中，意味着我们会认识到并承担偶尔会搁浅的责任，而且会尽一切努力回到爱流中。

爱你的克里希和阿曼娜

爱的密语

如果你想和伴侣保持和谐的关系，你必须学会多思考。只有爱是不够的。

爱是盲目的，沉思会赋予它双眼。沉思会带来理解。

一旦你们的爱情里既有爱又有沉思，你们就成了旅伴，而不再是普通的夫妻关系了。然后，爱情会变成探索生命奥秘之路上的一种友爱之情。

克里希那南达 & 阿曼娜

中国线下工作坊 走出恐惧 在爱里成长

作为生命成长领域内的先驱人物，克里希那南达和阿曼娜老师在中国与 niwo 成长学院共同打造"走出恐惧"系列线下工作坊，帮助大家向内探索，寻找负面感受的源头，在爱里成长。

线下工作坊将分别深入探讨以下主题：

1. 真正的力量从面对脆弱开始，活出生命的完整性；
2. 处理羞愧、内疚、不安全感和低价值感，连接真实自我，重建内心秩序；
3. 走出被遗弃、嫉妒和失去，拥抱完整自我，感受爱和宁静。

扫码了解详情

微信 / 手机：153-1650-2253

niwo 成长学院创办于 2014 年，是一家专注于个人成长，提供深度学习的文化机构。niwo 所提供的课程专注于自我提升、亲密关系、亲子关系、生命成长等主题，通过线上、线下工作坊，企业定制工作坊等多种形式的学习活动，为学员全力打造课后共修环境，陪伴大家活得更好。

niwo，共创活好的环境

公众号：niwo ｜ 视频号：niwo 幸福课

参考文献

Susan Anderson, The Journey from Abandonment to Healing: Surviving Through and Recovering From the Five Stages That Accompany Loss. Berkeley Books, 2000

John Bradshaw, Creating Love: The Next Great Stage of Growth. Bantam Books, 1962

David P. Celani, The Illusion of Love: Why The Battered Woman Returns to Her Abuser. Columbia University Press, 1994

Gay Hendricks, Ph.D. and Kathlyn Hendricks, Ph.D., Conscious Loving: The Journey of Co-Commitment. Bantam Books, 1990

Harville Hendrix, Ph.D., Getting the Love You Want: A

Guide for Couples. Henry Holt and Co., 1988

Harville Hendrix, Ph.D., Keeping the Love You Find: A Personal Guide. Simon and Schuster, 1992

Robert Karen, Ph.D., Becoming Attached: First Relationships and How They Shape Our Capacity for Love. Oxford University Press, 1998

Robert Augustus Masters, Knowing Your Shadow. Soundstrue Audiobook, 2013

Pia Mellody, Facing Co-Dependency: What It Is, Where It Comes From, How It Sabotages Our Lives. Harper San Francisco, 1989

Pia Mellody, The Intimacy Factor: The Ground Rules for Overcoming the Obstacles to Truth, Respect, and Lasting Love. Harper San Francisco, 2003

Pia Mellody, Facing Love Addiction: Giving Yourself the Power to Change the Way You Love. Harper San Francisco, 1992

Pia Mellody, Breaking Free: A Recovery Workbook for Facing Codependency. Harper San Francisco, 1989

Terry Real, The New Rules of Marriage: What We Need to Know to Make Love Work. Ballantine Books, 2008

Diane Richardson, Slow Sex: The Path of Fulfilling and Sustaining Sexuality. Destiny Books, Rochester, Vermont, Toronto, Canada 2011

David Richo, How to Be An Adult in Relationships: The Five Keys to Mindful Loving. Shambala, 2002

Marnia Robinson, Cupid's Poisoned Arrow: From Habit to Harmony in Sexual Relationships. North Atlantic Books, 2002

Marion Solomon, Narcissism and Intimacy: Love and Marriage in an Age of Confusion. W.W. Norton and Co., 1992

Marion Solomon and Stan Tatkin, Love and War in Intimate Relationships: Connection, Disconnection, and Mutual Regulation in Couples. W.W. Norton and Co., 1998

Hal Stone, Ph.D. and Sidra Stone, Ph.D., Partnering: A New Kind of Relationship. New World Library, 2000

Krishnananda Trobe, M.D. with Amana Trobe, Face to Face with Fear: Transforming Fear into Love. Perfect Publishers, 2009

Krishnananda Trobe, M.D. with Amana Trobe, Stepping Out of Fear: Breaking Free of Our Pain and Suffering. Learning Love Institute, L.L.C., 2013

Krishnananda Trobe, M.D. and Amana Trobe, From Fantasy Trust to Real Trust: Learning from Our Disappointments and Betrayals. The Learning Love Institute, L.L.C., 2011

Krishnananda Trobe, M.D. and Amana Trobe, When

Sex Becomes Intimate: How Sexuality Changes as Your Relationship Deepens. Strategic Book Publishing, 2008

Krishnananda Trobe, M.D. and Amana Trobe, The Learning Love Handbook Volume 1: Opening to Vulnerability. The Learning Love Institute, L.L.C., 2013

Krishnananda Trobe, M.D. and Amana Trobe, The Learning Love Handbook, Volume 2: Healing Shame and Shock. The Learning Love Institute, L.L.C., 2014

Krishnananda Trobe, M.D. and Amana Trobe, The Learning Love Handbook, Volume 3: Living with Passion. The Learning Love Institute, L.L.C., 2015

Janae Weinhold, Ph.D. and Barry Weinhold, Ph.D., The Flight from Intimacy: Healing Your Relationships of Counter-dependency, the Other Side of Co-dependency. New World Library, 2008